Zur Statistik

über die

Verbreitung des elektrischen Lichtes

im

Versorgungsgebiet deutscher Gasanstalten

und einiger Städte des Auslandes

1894

gesammelt im Auftrage des Vorstandes

des

Deutschen Vereins von Gas- und Wasserfachmännern

von

H. Bunte, Generalsecretär,

bearbeitet in Verbindung mit

Dr. Rasch,
Privatdocent an der technischen Hochschule Karlsruhe.

Verlag von R. Oldenbourg in München und Leipzig.

Inhalt.

Vorbemerkungen.

Der Vorstand des Deutschen Vereins von Gas- und Wasserfachmännern hat, einer Anregung folgend, **Erhebungen über den derzeitigen Stand der elektrischen Beleuchtung innerhalb des Versorgungsgebietes der Gasanstalten** veranlasst. Zu diesem Zweck wurde der in der Anlage abgedruckte Fragebogen entworfen und mit dem gleichfalls wiedergegebenen Anschreiben des Vorstandes an 766 mit Gasbeleuchtung versehene Städte und Ortschaften des deutschen Reiches und ausländische im Verein vertretene Gasanstalten um Anfang Mai versandt. In diesen Fragebogen wurden nähere Mittheilungen über die an den betreffenden Orten vorhandenen Einzelanlagen, Blockstationen und Zentralen, deren Einrichtung und Umfang erbeten.

Es war vorauszusehen, dass die Beantwortung dieses Fragebogens namentlich in grösseren Städten mit grossen Schwierigkeiten verbunden ist und einen grossen Aufwand von Zeit und Mühe seitens der Vereinsmitglieder und Verwaltungen erfordert. Um so dankbarer ist es anzuerkennen, dass in 632 Fällen direkte Antwort erfolgte und nur 134, also ein kleiner Theil, im Rückstande blieben.

In nachstehender Zusammenstellung sind alle diejenigen Orte aufgenommen, in welchen elektrische Beleuchtungsanlagen in Thätigkeit sind.

Von 149 Orten erfolgte die Mittheilung, dass dort **kein elektrisches Licht** sich findet; unter diesen befinden sich 56 Orte, mit unter 5000 Einwohner (nach der Zählung von 1890), 61 solche mit 5000 bis 10 000 und 32 mit über 10 000 Einwohner. Von diesen Ortschaften sind für die Zusammenstellung alle diejenigen ausser Acht gelassen, welche weniger als 10 000 Einwohner haben.

Alle Orte über 10 000 Einwohner, selbst wenn sie keine elektrische Beleuchtung haben, sind in den Tabellen vorgetragen und zwar im letzteren Falle mit der Bemerkung: „Kein elektrisches Licht“.

Alle Ortschaften, gleichgültig welcher Einwohnerzahl, soweit Mittheilungen über die Verbreitung der elektrischen Beleuchtung eingingen, sind in der Tabelle in alphabetischer Ordnung verzeichnet.

Die Tabellen umfassen 517 Städte und Ortschaften und geben Aufschluss über 4776 Einzelanlagen und Blockstationen und 40 Zentralen, über 52 822 Bogen- und 1 138 370 Glühlampen.

Sämmtliche elektrische Anlagen sind in 2 Gruppen eingetheilt:

1. Gruppe. Einzelanlagen und Blockstationen; dieselben sind nicht getrennt aufgeführt, weil eine gewisse Unterscheidung nach den Auskunftsbogen nicht gemacht werden konnte. Diese erste Gruppe umfasst 517 Ortsnamen.

2. Gruppe. Die zweite Gruppe umfasst Zentralstationen, welche für einen grösseren Kreis von Konsumenten Strom abgeben; sie enthält 40 Ortsnamen.

In der 1. Gruppe haben alle im Auskunftsbogen enthaltenen Mittheilungen, mit Ausnahme derjenigen über Kraftleistung der verwendeten Motoren Platz gefunden, da in der Mehrzahl der Fälle die vorhandenen Motoren die von dem elektrischen Betrieb geforderte Leistung bei Weitem übersteigen und der Letztere gewissermassen nur nebenher mit überschiessender Kraft der Betriebsmaschinen geführt wird.

Bezüglich der Art der Stromvertheilung durch Gleichstrom, Wechselstrom oder Drehstrom zeigte sich der **Gleichstrom** als Regel und nur in Ausnahmefällen ist eine andere Stromart verwendet. Es ist daher in den Tabellen über die Stromart nur dann eine Bemerkung gemacht, wenn Wechsel- oder Drehstrom zur Anwendung kam.

Um eine Uebersicht über die Gesammtbeleuchtung eines Ortes zu erhalten, sind in der 1. Gruppe neben den Einzelanlagen auch die auf die Zentralen bezüglichen Zahlen mit aufgeführt. Die Beleuchtung der Bahnhöfe und Theater ist in den Zahlen für Einzelanlagen bezw. Zentralen mit enthalten; sie ist jedoch stets noch einmal besonders durch eingeklammerte Zahlen zum Ausdruck gebracht.

In der 2. Gruppe: Zentralen, sind sämmtliche durch die Fragebogen ermittelten Zahlen wiedergegeben.

Um einen **Vergleich** zu gewinnen über die **Entwickelung der elektrischen Beleuchtung in den letzten 9 Jahren** von **1885** bis **1894** wurden in einem Anhang die gelegentlich der Herausgabe der Schilling-Diehl'schen Gasstatistik gesammelten Mittheilungen über elektrische Beleuchtung mit den im Jahre 1894 ermittelten Daten zusammengestellt; es sind darin 81 Städte aus jener Statistik, welche zum Vergleich herangezogen werden konnten, aufgeführt. Die angegebenen Zahlen beziehen sich nur auf Einzelanlagen und Blockstationen.

In den 81 Städten fanden sich:

1885	286	Betriebe mit	1248	Bogen- und	14 614	Glühlampen
1894	1663	„ „	14992	„ „	320 478	„

Bei der Schwierigkeit der Aufstellung kann es nicht auffallen, dass Missverständnisse bei der Beantwortung in einzelnen Fällen vorgekommen sind. Soweit es bei der Kürze der Zeit möglich war, wurde versucht, wünschenswerthe Aufklärung zu erhalten; es ist jedoch nicht ausgeschlossen, dass einige Irrthümer sich in der Zusammenstellung finden. Eine Richtigstellung würde im Interesse einer zuverlässigen Statistik nur sehr erwünscht sein.

Für die bereitwillige Unterstützung durch Ausfüllung der Fragebogen sei sämmtlichen Betheiligten hiermit der beste Dank ausgesprochen.

Karlsruhe, den 18. Juni 1894.

Dr. H. Bunte. **Dr. G. Rasch.**

Deutscher Verein von Gas- und Wasserfachmännern.

Betr. **Elektrische Beleuchtung.**

P. P.

Einer Anregung folgend, hat der Vorstand des Deutschen Vereins von Gas- und Wasserfachmännern beschlossen, Erhebungen über die **Verbreitung des elektrischen Lichtes innerhalb des Versorgungsgebietes der Gasanstalten** anzustellen.

Zu diesem Zwecke sind die beiliegenden **Auskunftsbogen** entworfen worden, um deren gefällige Ausfüllung hierdurch ersucht wird.

Es ist beabsichtigt, das Ergebnis dieser Erhebungen übersichtlich zusammenzustellen und durch Vervielfältigung den Fragebeantwortern zugänglich zu machen; eine weitere Bearbeitung des Materials in zusammenfassender Darstellung ist ebenfalls für die Jahresversammlung des Vereins in Aussicht genommen.

Betreffs des beiliegenden Auskunftsbogens sei Folgendes bemerkt:

Zweck der Erhebung ist die Schaffung einer Uebersicht über die Verbreitung der elektrischen Beleuchtung, je nachdem der Strom in Einzelanlagen, Blockstationen oder Centralstationen erzeugt wird.

Bei **Einzelanlagen** und **Blockstationen** soll nur auf die wichtigsten Punkte Rücksicht genommen werden, wie Anzahl der Anlagen in einer Stadt, ungefähre Gesamtleistung der zur Stromerzeugung verwendeten Motoren, Art der Stromvertheilung und die Anzahl der versorgten Bogen- und Glühlampen. Für diese Angaben, welche auf der ersten Seite des Auskunftsbogens einzutragen sind, haben wir ein Muster beigelegt.

Für die elektrischen **Centralstationen** ist der Auskunftsbogen ausführlicher gehalten, um eine nähere Einsicht in die Art der Anlage, Stromvertheilung und Lichtverwendung zu gewinnen.

Die Rücksendung der ausgefüllten Auskunftsbogen an den Generalsekretär des Vereins, Dr. H. Bunte, Karlsruhe, erbitten wir **spätestens bis zum 15. Mai** in dem beiliegenden Umschlag.

Bei der grossen Bedeutung, welche eine möglichst genaue Uebersicht über die Ausdehnung der elektrischen Beleuchtung für alle Gasanstaltsverwaltungen besitzt, glauben wir annehmen zu dürfen, dass dieselben sich gern der Mühewaltung unterziehen werden, welche unzweifelhaft mit den anzustellenden Ermittelungen verbunden sind, und dass sie gerne dazu beitragen werden, den in allen Kreisen geschätzten statistischen Uebersichten des Vereins über die Verhältnisse des Gas- und des Wasserfaches eine ähnliche Uebersicht auf dem Gebiete der Elektricität hinzuzufügen.

Für diese dem Interesse des Vereines und der Gesammtheit seiner Mitglieder gewidmeten Mühewaltungen sprechen wir im voraus unseren besten Dank aus.

Berlin, 1. Mai 1894.

Der Vorstand.

Der Vorsitzende:
R. Cuno,
Direktor der städtischen Erleuchtungsangelegenheiten Berlin.

Der Generalsekretär:
Dr. **H. Bunte,** Karlsruhe.

Deutscher Verein von Gas- und Wasserfachmännern.

Auskunftsbogen

betr.

Elektrische Beleuchtung

in:

Ort: ....

I. Einzelanlagen und Blockstationen.

	Einzelanlagen.	Blockstationen.
Anzahl der Betriebe	....	....
» » Motoren . . . . (Dampf-, Gas-, Wasser-, sonstige Motoren)	....	....
Leistung der Motoren zusammen	.... HP	.... HP
Art der Stromvertheilung	....	....
Accumulatoren	....	....
Zur Zeit (1/I 94) angeschlossene Bogenlampen	....	....
Glühlampen	....	....
Elektromotoren . . .	....	....
sonstige Verbrauchskörper	....	....
Ist den Unternehmern von Blockstationen die Kreuzung der Strassen dauernd oder auf Wiederruf gestattet?		

Besondere Anlagen: **Theater** ....
(in obiger Aufstellung nicht enthalten.)

....

Bahnhof ....

....

Bemerkungen:

II. Centralstation.

1. **Leistungsfähigkeit** { der Centrale . . . . gleichzeitig brennende 50 Watt-Lampen
des Leitungsnetzes . . . . . „ „ „ „

Nicht Zutreffendes ist zu streichen.

2. **Entfernung** der Centrale vom Mittelpunkt des Beleuchtungsgebietes ungefähr .... km

3. **System:**

a. ohne Umformung: Gleichstrom { zwei / drei / fünf } Leiter

b. mit Umformung:

Primär:	Secundär:
Gleichstrom	Gleichstrom
Wechselstrom	Wechselstrom
Drehstrom	Drehstrom

} mit / ohne Accumulatoren.

4. **Spannung:**

a. ohne Umformer im Vertheilungsnetz . . . . Volt

b. mit Umformer { in der Centrale . . . . „
an den Zuleitungen . . . . „

5. **Ausrüstung der Centrale:**

a. Kesselzahl ....; Heizfläche .... qm; Ueberdruck .... kg pr. qcm

b. Motoren: { Dampf- Zahl .... mit .... HP
Gas- „ .... „ .... HP
Wasser- „ .... „ .... HP

Zusammen .... HP incl. Reserve.

c. Dynamo: System ....

Anzahl .... mit effektiv .... Kilowatt.

Umlaufzahl pro Min. ....

d. Accumulatoren: System ....

Anzahl derselben ....

Kapacität ....

Maximalstromstärke der Batterie ....

6. **Umformung:** Zahl der Unterstationen ....

Zahl der rotirenden Umformer ...., Gesammtleistung .... Kilowatt.

„ „ ruhenden „ .... „ .... „

7. **Leitungsnetz:** Länge der Primärleitungen .... km mit .... kg Kupfer

„ „ Secundärhauptleitungen .... „ „ .... „ „

„ „ Netzleitungen .... „ „ .... „ „

8. Verbrauchskörper:

Lampen:

	Bogenlampen:	Glühlampen:	Jahres-Verbrauch Kwttstd.:
a. Strassenbeleuchtung	...	...	...
b. Theater	...	...	...
c. Bahnhof	...	...	...
d. staatliche und städtische Gebäude	...	...	...
e. Privatbeleuchtung	...	...	...
Zusammen . .	...	...	...

Electromotoren: .... mit zusammen .... HP | ....

Zusammen Kwttstd. . . ..

Maximalstromverbrauch .... Kilowatt. ....

Zahl der Abnehmer ....

Durchschnittliche Brenndauer einer angeschlossenen Lampe im Jahr .... Stunden.

9. **Tarif.** Preis der Kilowattstunde für öffentliche Beleuchtung .... Pf.

„ „ „ „ staatliche und städtische Gebäude .... „

„ „ „ „ Theater .... „

„ „ „ „ Bahnhof .... „

„ „ „ „ Privatbeleuchtung .... „

„ „ „ „ Elektromotoren .... „

Rabatte:

....

....

Wird eine Lampengebühr erhoben und welche? ....

Wird ein Minimalverbrauch von den Consumenten gefordert? ....

Welche Miethe wird für Elektricitätsmesser erhoben? ....

Bemerkungen:

I. Einzelanlagen

(Blockstationen).

Ort	Betriebe	Motoren: Dampfmotoren	Gasmotoren	Wassermotoren	Sonstige Mot.	Sammlerbatterien	Lampen: Bogenlampen	Glühlampen	Electromotoren	Sonstige Verbrauchskörper	Bemerkungen
Aachen . Einzelanlagen	34	31	3	—	—	3	219	5787	—	—	
Zentrale . .	1	2	—	—	—	—	—	6000	—	—	
Allenstein	4*	4	—	—	—	—	8	1245*	—	—	* Provinzial-Irrenanstalt Kortau Dampfmasch., 90 P.S. Gleichstrom 1200 Glühlampen.
Altena	1	—	—	—	—	—	—	—	—	—	1 industrielles Unternehmen.
Altenburg	5	3	2	—	—	1	—	—	—	—	
Altona . . Einzelanlagen	27	24	3	—	—	—	—	—	—	—	Keine nähere Auskunft.
Zentrale . .	1	2	—	—	—	2	220	5917	4	—	
(Bahnhof) . .	—	—	—	—	—	—	(6)	—	—	—	
Altwasser	4	4	—	—	—	—	16	445	—	—	
Amberg	10	8	—	2	—	4	81	1509	—	—	Kgl. Gewehrfabrik u. ein staatl. Hochofen.
Andernach	4	4	—	—	—	—	14	190	—	—	
Anklam	—	—	—	—	—	—	—	—	—	—	Kein elektrisches Licht.
Annaberg	7	4	3	—	—	5	6	1110	—	—	
Ansbach	3	3	1	—	—	—	4	638	—	1	
Apolda	3	3	—	—	—	1	—	—	—	—	
Arnstadt	—	—	—	—	—	—	—	—	—	—	} Keine Auskunft.
Aschaffenburg	—	—	—	—	—	—	—	—	—	—	
Aschersleben	8	12	—	—	—	2	72	1730	12	—	
Aue i. S.	4*	3	1	—	—	2	18	977	—	—	* Darunter eine Wechselstromanlage.
Auerbach	4*	—	—	—	—	—	—	—	—	—	In 4 Fabriken.
Augsburg	37*	24	12	13	—	11	883	7106	10	3	* Darunter eine Wechselstromanlage.
Baden	4	2	2	—	—	3	14	974	—	—	
Bamberg . Einzelanlagen	14	6	2	6	—	2	110	2146	—	—	
Zentrale . .	1	—	1	1	—	1	26	62	—	—	
(Bahnhof) . .	—	—	—	—	—	—	(70)	(860)	—	—	
Barmen . Einzelanlagen	60	—	—	—	—	15	600	8000	6	—	
Zentrale . .	1	3	—	—	—	1	269	6910	10	—	
(Theater) . .	—	—	—	—	—	—	(6)	(780)	—	—	
Bautzen	13	6	4	3	—	2	105	1125	—	—	

Ort	Betriebe	Motoren: Dampfmotoren	Motoren: Gasmotoren	Motoren: Wassermotoren	Motoren: Sonstige Mot.	Sammlerbatterien	Lampen: Bogenlampen	Lampen: Glühlampen	Electromotoren	Sonstige Verbrauchskörper	Bemerkungen
Bayreuth . Einzelanlagen	10	8	1	—	—	5	57	5816	—	—	
(Theater) .	—	—	—	—	—	—	(15)	(3500)	—	—	
Bensheim	1	2	—	—	—	1	—	60	—	—	
Bergedorf	3	3	—	—	—	—	10	400	—	—	
Berlin . Einzelanlagen	300	253	96	—	1*	1	4450	81502	—	—	* Petroleummotor
Zentralen .	5	21	—	—	—	1	6087	122030	362	—	
(Theater) . .	—	—	—	—	—	—	(459)	(23250)	—	—	
(Bahnhöfe) . .	—	—	—	—	—	—	(362)	(2450)	—	—	
Bernburg	5	9	—	1	—	2	68	1700	2	—	
Beuthen	—*	—	—	—	—	—	—	—	—	—	* Kein elektrisches Licht.
Biebrich	5	4	1	—	—	3	12	600	2	—	
Bielefeld	12	7	5	—	—	1	89	1458	—	—	
Bischofswerda	1	—	—	—	—	—	—	—	—	—	
Bitterfeld	1	1	—	—	—	—	1	37	—	—	
Bocholt	7	7	—	—	—	—	—	700	—	—	
Bochum . Einzelanlagen	13	4	4	—	—	1	150	1251	1	—	
Zentrale . .	1	—	1	—	—	1	16	594	—	—	
Bockenheim . Zentrale .	1*	2	—	—	—	1	60	1100	32	—	* Die Einzelanlagen sind unter Frankfurt a. M. mitgezählt. Drehstromübertragung mit Gleichstromverteilung.
Bonn . Einzelanlagen	8	5	4	—	—	2	51	3066	—	—	
(Bahnhof) . .	(1)	(1)	—	—	—	(1)	(16)	(90)	—	—	
Borbeck	—*	—	—	—	—	—	—	—	—	—	* Kein elektrisches Licht.
Borghorst	3	3	—	—	—	—	1	460	—	—	
Borna	1	1	—	—	—	—	2	56	—	—	
Bramsche	3	3	—	—	—	—	—	460	—	—	
Brandenburg	—	—	—	—	—	—	—	—	—	—	Keine Auskunft.
Braunsberg	—	—	—	—	—	—	—	—	—	—	Kein elektrisches Licht.
Braunschweig	36*	31	8	—	—	11	465	10096	4	1	* Darunter 4 Wechselstromanl.
(Theater) . .	(1)	(2)	—	—	—	(1)	(7)	(2350)	—	—	
(Bahnhof) . .	(1)	(1)	—	—	—	—	(14)	(11)	—	—	
Bremen . Einzelanlagen	26	25	1	—	—	3	302	10870	5	—	
Zentrale .	1	3	—	—	—	3	—	21000	15	—	

Ort	Betriebe	Motoren: Dampfmotoren	Gasmotoren	Wassermotoren	Sonstige Mot	Sammelrbatterien	Lampen: Bogenlampen	Glühlampen	Electromotoren	Sonstige Verbrauchskörper	Bemerkungen
Bremen . . (Theater)	—	—	—	—	—	—	—	(2000)	—	—	
(Bahnhof)	—	—	—	—	—	—	(110)	(900)	(1)	—	
Bremerhaven Einzelanlg.	7	6	6	—	—	1	51	702	—	—	
(Theater) .	—	—	—	—	—	—	(15)	(80)	—	—	
Breslau . Einzelanlagen	125	—	—	—	—	—	950	17314	51	—	
Zentrale . .	—	3	—	—	—	3	711	9417	23	—	
(Theater) . .	—	—	—	—	—	—	(9)	(2496)	—	—	
Brieg	5	3	—	2	—	—	—	—	—	—	
Bromberg	6	6	—	—	—	1	39	557	—	—	
Bruchsal	2	1	1	—	—	—	2	—	—	—	
Buchholtz	8	6	—	2	—	2	12	730	—	—	
Bützow	2	—	—	—	—	—	—	20	—	—	
Bunzlau	2	1	—	1	—	1	8	250	2	—	
Burg bei Magdeburg . .	10	10	—	—	—	6	27	1800	—	—	
Burgstädt	1	1	—	—	—	1	2	86	—	—	
Buxtehude	2	2	—	—	—	—	—	—	—	—	
Calbe a. S.	4	4	—	—	—	4	8	989	—	—	
Camen	—	—	—	—	—	—	—	—	—	—	1 Zeche und 1 Papierfabrik.
Cannstatt	7	6	1	1	—	1	38	620	3	—	
Cassel . . Einzelanlagen	12	10	2	—	—	2	56	1750	—	—	
Zentrale . .	1	1	—	4	—	4	230	3500	6	—	
(Theater) . .	—	—	—	—	—	—	(2)	(244)	—	—	
Celle	—	—	—	—	—	—	—	—	—	—	Kein elektrisches Licht.
Charlottenburg	31	—	—	—	—	8	641	6939	413	3	3 Wechselstromanlagen.
Chemnitz	86	57	28	—	—	16	1123	9987	4	—	
Cleve	4	4	—	—	—	—	20	522	—	—	
Coblenz	3	2	2	—	—	2	10	300	—	—	
Coburg	7	4	2	—	1*	5	10	824	—	—	* Petroleummotor.
Coepenik	5	5	—	—	—	—	8	575	—	—	
Coethen	4	1	3	—	—	3	28	696	1	—	
Cainsdorf	1	2	—	—	—	—	94	700	1	—	

Ort		Betriebe	Motoren: Dampfmotoren	Motoren: Gasmotoren	Motoren: Wassermotoren	Motoren: Sonstige Mot.	Sammlerbatterien	Lampen: Bogenlampen	Lampen: Glühlampen	Electromotoren	Sonstige Verbrauchskörper	Bemerkungen
Colmar		3	3	—	—	—	1	116	900	—	—	
Cottbus		29*	25	1	3	—	2	132	4056	2	—	* Auch Wechselstrom.
Crefeld		228	117	111	—	—	1	722	12149	—	—	
Crimmitschau		20	19	1	—	—	2	66	3007	1	1	
Cüstrin		3	5	—	—	—	—	36	213	—	—	
Danzig	Einzelanlagen	11*	10	1	1	—	—	128	1351	1	—	* Auch Wechselstrom.
	(Theater)	(1)	—	—	—	—	—	(10)	(80)	—	—	
Darmstadt	Einzelanlagen	20	21	—	—	—	1	71	1504	4	—	
	Zentrale	1	5	—	—	—	1	138	8803	8	—	
	(Theater)	—	—	—	—	—	—	(18)	(2803)	—	—	
	(Bahnhof)	(2)	(2)	—	—	—	—	(25)	(380)	—	—	
Delitzsch		1	—	—	—	—	—	6	195	—	—	
Demmin		2*	—	—	—	—	—	—	—	—	—	* 1 Zuckerfabrik, 1 Dampfbrauerei.
Dessau	Einzelanlagen	8	—	—	—	—	—	98	1934	—	—	
	Zentrale	1	—	2	—	—	1	52	3478	3	—	
	(Theater)	—	—	—	—	—	—	(2)	(1060)	—	—	
Detmold		1	—	1	—	—	—	14	347	—	—	
Deuben		1	—	1	—	—	—	—	45	—	—	
Deutz mit Kalk		12	10	2	—	—	—	—	—	—	—	
	(Bahnhof)	—	—	(1)	—	—	—	—	—	—	—	
Dietz		1	—	—	—	—	—	—	—	—	—	
Dirschau		2	—	—	—	—	—	11	160	—	—	
Döbeln		4	2	—	2	—	—	5	188	1	—	
Döhlen u. Potschappel		4	3	—	1	—	1	31	215	—	—	
Dortmund		37	29	8	—	—	4	458	6318	—	—	
Dresden		116	70	75	—	—	57	922	19827	5	—	
Dudweiler		—	—	—	—	—	—	—	—	—	—	Kein elektrisches Licht.
Dülken		5	5	—	—	—	—	10	1425	—	—	
Düren		11*	8	2	—	—	2	24	1966	—	1	* Darunter 2 Wechselstromanlagen.
Düsseldorf	Einzelanlagen	34*	40	—	—	—	8	684	5236	27	—	* Darunter 5 Wechselstromanlagen.
	Zentrale	1	2	—	—	—	3	779	11864	2	—	
	(Theater)	—	—	—	—	—	—	(6)	(2356)	—	—	
	(Bahnhof)	—	—	—	—	—	—	(138)	(648)	—	—	

Ort	Betriebe	Motoren: Dampfmotoren	Gasmotoren	Wassermotoren	Sonstige Mot.	Sammelrbatterien	Lampen: Bogenlampen	Glühlampen	Electromotoren	Sonstige Verbrauchskörper	Bemerkungen
Duisburg . Einzelanlagen	40	34	5	—	—	2	471	5047	13	2	Auch Wechselstrom.
Zentrale . .	1	5	—	—	—	—	75	60	—	—	
Durlach	1	1	—	—	—	—	20	16	—	—	
Eberswalde	4	7	—	—	—	—	98	277	—	—	
Ebingen	9	9	—	—	—	1	5	855	—	—	
Egeln	2	2	—	—	—	1	11	170	2	—	
Eilenburg	3	3	—	—	—	1	9	280	—	—	
Eisenach . Einzelanlagen	7	4	—	3	—	—	12	499	—	—	
Zentrale . .	1	2	—	—	—	1	35	1966	11	—	
Eisleben	—	—	—	—	—	—	—	—	—	—	Keine Auskunft.
Elberfeld . Einzelanlagen	4	7	1	—	—	—	87	878	1	—	
Zentrale . .	1	6	—	—	—	—	556	7165	3	—	
(Bahnhof) . .	—	—	—	—	—	—	(8)	—	—	—	
(Theater) . .	—	—	—	—	—	—	—	(165)	—	—	
Elbing	7	6	1	—	—	2	146	1226	—	—	
Emden	—	—	—	—	—	—	—	—	—	—	Kein elektrisches Licht.
Emmendingen	1	1	—	1	—	—	—	80	—	—	
Emmerich	2	2	—	—	—	1	—	—	—	—	
Ems	—	—	—	—	—	—	—	—	—	—	Keine Auskunft.
Erfurt	16	8	8	—	—	1	190	2701	—	—	
(Bahnhof)	(1)	(1)	—	—	—	—	(110)	(642)	—	—	
Erlangen	3	2	1	—	—	2	4	230	—	—	
Eschwege	1	1	—	—	—	—	—	160	—	—	
Eschweiler	5	5	—	—	—	—	26	320	—	—	
Essen Stadt	25	14	14	—	—	9	207	3872	7	—	
Essen (Krupp)	2	6	—	—	—	—	626	1928	19	—	
Esslingen . Einzelanlagen	6	5	—	2	—	2	36	2820	44	—	
Zentrale . .	1	2	—	—	—	1	12	2384	40	—	
Eupen	4	4	—	3	—	1	42	595	—	—	
Falkenstein	6	6	—	—	—	—	68	1070	—	—	
Feuerbach	1	1	—	—	—	—	1	—	—	—	

Ort	Betriebe	Motoren: Dampfmotoren	Motoren: Gasmotoren	Motoren: Wassermotoren	Motoren: Sonstige Mot.	Sammlerbatterien	Lampen: Bogenlampen	Lampen: Glühlampen	Electromotoren	Sonstige Verbrauchskörper	Bemerkungen
Finsterwalde	5	—	—	—	—	—	—	—	—	—	5 Tuchfabriken.
Flensburg	3	3	—	—	—	1	50	520	—	—	Auch Wechselstrom.
Forbach	3	3	—	—	—	—	25	13	—	—	
Forst (Lausitz)	15	14	1	—	—	3	22	2307	—	—	
Frankenberg i. S.	1	—	—	1	—	—	—	30	—	—	
Frankenthal (Pfalz)	3	4	—	—	—	—	90	966	—	—	
Frankfurt a. M.	87	58	36	—	—	56	852	26127	29	1	
(Bahnhof)	(1)	(1)	—	—	—	—	(337)	(2227)	—	—	
Frankfurt a. d. O.	7	5	2	—	—	—	50	653	10	—	
(Bahnhof)	(1)	(1)	—	—	—	—	(42)	(92)	(10)	—	
Fraustadt	2	2	—	—	—	—	16	450	—	—	
Freiberg i. S.	10	6	4	—	—	2	27	722	—	1	
Freiburg i. Br.	17	10	1	6	—	4	37	2358	3	—	Auch Wechselstrom.
Freiburg i. Schl.	3	3	—	—	—	—	7	575	—	—	
Friedrichshagen	1	1	—	—	—	—	3	32	—	—	
Fürstenwalde	—	—	—	—	—	—	—	—	—	—	Kein elektrisches Licht.
Fürth	21	19	2	1	—	2	72	2121	2	—	Auch Wechselstrom.
Fulda	7	5	—	1	—	1	35	635	—	—	
(Bahnhof)	(1)	(1)	—	—	—	—	(29)	(55)	—	—	
Gaarden	1	1	—	—	—	—	4	—	—	—	
Gaggenau	2	—	—	2	—	—	8	230	2	—	
Gebweiler	—	—	—	—	—	—	—	—	—	—	Keine Auskunft.
Geestemünde	4	8	—	—	—	1	192	753	1	—	
(Bahnhof)	(1)	(2)	—	—	—	—	(108)	(366)	—	—	
Geislingen	2	—	1	1	—	1	776	2	—	—	
Gelsenkirchen	—	—	—	—	—	—	—	—	—	—	
Gera . Einzelanlagen	25	22	2	1	—	5	281	10149	8	30	
Zentrale	1	3	—	—	—	1	121	2661	8	—	
(Theater)	—	—	—	—	—	—	(1)	(233)	—	—	
Giessen	6	6	2	—	—	4	33	1068	—	—	
M.-Gladbach mit Rheydt und Odenkirchen	54	51	3	—	—	2	275	13974	—	—	

Ort	Betriebe	Motoren				Sammlerbatterien	Lampen		Electromotoren	Sonstige Verbrauchskörper	Bemerkungen
		Dampfmotoren	Gasmotoren	Wassermotoren	Sonstige Mot.		Bogenlampen	Glühlampen			
Glatz	2	2	—	—	—	2	1	83	—	—	
Glauchau	11	9	—	2	—	4	100	1260	—	—	Auch Wechselstrom.
Gleiwitz	7	5	2	—	—	—	?	?	—	—	
Glogau	6	4	2	—	—	3	10	360	1	—	
Gnesen	—	—	—	—	—	—	—	—	—	—	
Göppingen	6	6	—	—	—	1	58	1142	—	—	
Görlitz	16	—	—	—	—	—	—	—	—	—	
Gössnitz	3	—	4	—	—	1	9	200	—	—	
Göttingen	1	1	—	—	—	1	2	200	—	—	
Gotha	—	—	—	—	—	—	—	—	—	—	Keine Auskunft.
Graudenz	1	1	—	—	—	—	4	23	—	—	
Greifswald	3	1	2	—	—	1	9	70	—	2	
Greiz	22	21	2	—	—	8	142	7525	14	1	Auch Wechselstrom.
Grevenbroich	4	4	—	—	—	—	14	200	—	—	
Grossenhain	7	5	1	1	—	4	19	593	—	—	
Grossschönau	2	2	—	—	—	2	—	225	—	—	
Grünberg	7	7	—	—	—	5	79	3000	3	1	
Guben	17	?	?	2	—	?	41	2288	—	—	
Gütersloh	*	—	—	—	—	—	—	—	—	—	* In einigen Fabriken.
Güstrow	—	—	—	—	—	—	—	—	—	—	Kein elektrisches Licht.
Gumbinnen	—	—	—	—	—	—	—	—	—	—	Kein elektrisches Licht.
Hadersleben	1	1	—	—	—	—	6	—	—	—	
Hagen . . Einzelanlagen	7	4	3	—	—	6	60	1657	—	—	
Zentrale	1	2	—	—	—	3	—	1902	—	—	
Hagen Beleuchtungsgebiet d. Dessauer Gasgesellsch.	2	2	—	1	—	—	25	267	—	—	
Hagenau	—	—	—	—	—	—	—	—	—	—	Kein elektrisches Licht.
Hainichen	1	1	—	—	—	—	—	220	—	—	
Halberstadt	6	5	1	—	—	1	60	376	1	—	
(Bahnhof)	(1)	(1)	—	—	—	—	(34)	(36)	(1)	—	
Halle	48	38	11	—	—	22	459	9243	5	—	
(Theater)	(1)	(1)	(1)	—	—	—	(10)	(1162)	—	—	
(Bahnhof)	(1)	(1)	—	—	—	—	(106)	(304)	—	—	

Ort	Betriebe	Motoren: Dampfmotoren	Motoren: Gasmotoren	Motoren: Wassermotoren	Motoren: Sonstige Mot.	Sammlerbatterien	Lampen: Bogenlampen	Lampen: Glühlampen	Electromotoren	Sonstige Verbrauchskörper	Bemerkungen
Hamburg . Einzelanlagen	248	165	88	1	—	66	1649	45090	7	—	
Zentrale . .	1	4	—	—	—	—	418	11100	—	—	
(Theater) . .	—	—	—	—	—	—	(2)	(5330)	—	—	
(Bahnhof) . .	(1)	(1)	—	—	—	—	(27)	—	—	—	
Hausdorf-Wüstewaltersdorf	2	3	—	—	—	—	12	—	—	—	
Hameln	4	2	—	2	—	1	18	1200	—	—	
Hamm (Bahnhof) . . .	1	1	—	—	—	—	58	255	—	—	
Hanau	12	6	6	1	—	5	58	1205	—	—	
Hannover . Einzelanlagen	52	31	19	—	—	20	1009	10568	8	—	
Zentrale . .	1	3	—	—	—	1	2	13350	—	—	
Harburg	14	12	2	—	—	1	145	2618	—	—	
Haynau	1	—	1	—	—	1	6	50	—	—	
Helmbrechts	4	4	—	—	—	—	5	220	—	—	
Helmstedt	3	3	—	—	—	—	8	296	—	—	Auch Wechselstrom.
Heidelberg	6	—	—	—	—	1	—	300	—	—	
Heidenheim	3	3	—	—	—	2	40	330	—	—	
Heilbronn . Einzelanlagen	6	3	—	3	—	3	25	1000	—	—	
Zentrale . .	1	—	—	2	—	—	8	4000	25	—	Zentrale Drehstrom.
Herford . Einzelanlagen	9	6	3	—	—	—	—	—	—	—	
Herne mit **Wanne** und **Schalke**	5	5	—	—	—	1	81	1067	—	—	
Hersbruck	3	—	—	3	—	1	4	110	—	—	
Hilden	3	—	—	—	—	—	—	—	—	—	
Hildesheim	7	6	1	—	—	3	28	1220	—	—	
Hirschberg	2	—	1	1	—	—	3	350	—	—	
Höchst a. M.	19	—	—	—	—	3	62	1580	5	—	Auch Wechselstrom.
Hörde	5	6	—	—	—	—	166	550	—	—	
Höxter	1	1	—	—	—	1	1	70	1	—	
Hof	12	12	—	—	—	4	101	1661	—	—	
Hohenlimburg	1	—	—	1	—	—	30	366	—	—	
Hohenstein in Sachsen .	2	2	—	—	—	—	—	85	—	—	

Ort	Betriebe	Motoren: Dampfmotoren	Motoren: Gasmotoren	Motoren: Wassermotoren	Motoren: Sonstige Mot.	Sammlerbatterien	Lampen: Bogenlampen	Lampen: Glühlampen	Electromotoren	Sonstige Verbrauchskörper	Bemerkungen
Holzminden	4	2	—	2	—	1	4	267	—	—	Auch Wechselstrom.
Homburg v. d. Höhe . .	6	5	1	—	—	3	26	1371	3	—	
Hückeswagen	6	6	—	—	—	—	6	1070	—	—	
Jauer	3	2	1	—	—	1	4	205	—	—	
Jena	8	4	2	2	—	2	11	713	—	—	
Jersitz	2	2	—	—	—	—	72	3	—	—	
St. Ingbert	4	4	—	—	—	—	96	450	—	—	Auch Wechselstrom.
Ingolstadt	2	2	—	—	—	—	—	418	—	—	
Inowrazlaw	—	—	—	—	—	—	—	—	—	—	Keine Auskunft.
Insterburg	3	4	—	—	—	—	—	308	1	—	
Johann, St.	2	—	2	—	—	2	8	30	1	—	
Iserlohn	3	3	—	—	—	1	12	540	—	—	
Itzehoe	6	5	1	—	—	—	64	299	—	—	Auch Wechselstrom.
Jülich	2	2	—	—	—	—	—	170	—	—	
Kaiserslautern	9	9	—	—	—	1	100	1730	—	—	
Karlsruhe	20	16	6	—	—	4	226	8001	2	—	
(Theater u. Residenz)	(1)	(4)	—	—	—	(2)	—	(5734)	—	—	
(Bahnhof)	(1)	—	—	—	—	—	(113)	(218)	(2)	—	
Kastel	—	—	—	—	—	—	—	—	—	—	Keine Auskunft.
Kattowitz	10	7	3	—	—	1	54	1477	—	—	
Kaufbeuren	2	1	—	1	—	2	10	339	—	—	
Kehl	1	2	—	—	—	—	—	100	—	—	
Kempten	1	—	1	—	—	—	—	14	—	—	
Kiel	20	15	7	—	—	1	92	3285	—	—	
Kirchberg	3	—	—	—	—	—	4	450	—	—	
Kirchhcim	1	—	—	—	—	—	—	20	—	—	
Kirn	2	3	—	—	—	2	18	550	1	—	
Kissingen	2	1	—	1	—	—	29	120	—	—	Wechselstrom.
Kitzingen	3	3	—	—	—	—	6	177	—	—	
Köln . . Einzelanlagen	58	44	19	—	—	15	601	9706	25	—	Auch Wechselstrom.
Zentrale . .	—	4	—	—	—	—	349	17391	7	—	Wechselstrom.
(Theater) . .	(2)	(1)	(1)	—	—	—	(10)	(435)	—	—	
(Bahnhöfe) . .	(1)	(1)	—	—	—	—	(162)	(550)	—	—	

Ort	Betriebe	Motoren				Sammlerbatterien	Lampen		Electromotoren	Sonstige Verbrauchskörper	Bemerkungen
		Dampfmotoren	Gasmotoren	Wassermotoren	Sonstige Mot.		Bogenlampen	Glühlampen			
Königsberg. Einzelanlagen	20	18	3	—	—	14	227	3660	6	—	
Zentrale . .	1	4	—	—	—	4	396	7040	14	—	
(Theater) . .	—	—	—	—	—	—	(6)	(388)	—	—	
Königshütte	9	8	1	—	—	—	106	674	—	—	
Königslutter	3	—	—	—	—	—	8	220	—	—	
Köslin	2	1	—	1	—	2	3	210	—	—	
Kolberg	1	1	—	—	—	—	2	39	—	—	
Konitz	2	2	—	—	—	1	4	110	—	—	
Konstanz	3	3	—	—	—	—	2	320	1	—	
Kreuznach	2	2	—	—	—	1	4	360	—	—	
Krotoschin	—	—	—	—	—	—	—	—	—	—	Kein elektrisches Licht.
Kulmbach	20	16	—	4	—	—	35	1800	—	—	
Ober- und Nieder-Lahnstein	4	1	5	—	—	—	61	240	—	—	
Lambrecht	8	—	—	—	—	—	—	—	—	—	
Lahr	—	—	—	—	—	—	—	—	—	—	Kein elektrisches Licht.
Landau	2	1	—	1	—	2	12	90	—	—	
Landsberg (Warthe) . .	—	—	—	—	—	—	—	—	—	—	Kein elektrisches Licht.
Landshut (Bayern) . .	12	3	1	8	—	2	10	838	1	—	
Landeshut (Schlesien) . .	7	6	1	—	—	—	8	1352	2	—	
Langenbielau	5	6	—	—	—	—	22	1340	—	—	
Langendreer und Werne	2	2	—	—	—	—	14	199	—	—	
Langensalza	3	—	—	—	—	—	52	180	—	—	
Lauban	4	2	—	2	—	2	1	409	—	—	
Laurahütte	3	3	—	—	—	—	66	111	—	—	
Lauscha	1	1	—	—	—	—	1	33	—	—	
Leer	—	—	—	—	—	—	—	—	—	—	Kein elektrisches Licht.
Lehe	2	2	—	—	—	1	6	140	—	—	
Leobschütz	1	1	—	—	—	—	1	34	—	—	
Leipzig	175	146	53	2	1*	67	2280	38319	28	17	Auch Wechselstrom. *) Petroleummotor.
Leisnig	3	—	—	—	—	—	6	280	—	—	
Lengenfeld	4	—	—	—	—	1	4	350	—	—	

Ort	Betriebe	Motoren: Dampfmotoren	Motoren: Gasmotoren	Motoren: Wassermotoren	Motoren: Sonstige Mot.	Sammlerbatterien	Lampen: Bogenlampen	Lampen: Glühlampen	Electromotoren	Sonstige Verbrauchskörper	Bemerkungen
Lennep	1	1	—	—	—	1	—	400	—	—	
Lichtenberg-Friedrichsberg	4	2	2	—	—	1	22	60	—	—	
Lichtenfels	2	2	—	—	—	—	4	50	—	—	
Lichtenstein	3	3	—	—	—	—	—	182	—	—	
Lichterfelde	1	2	—	—	—	2	—	24	4	—	
Liegnitz	11	8	3	—	—	2	51	965	—	—	Auch Wechselstrom.
Theater	(1)	—	—	—	—	(1)	(5)	(273)	—	—	
Limbach	5	5	—	—	—	2	12	615	—	—	
Limburg	—	—	—	—	—	—	—	—	—	—	Keine Auskunft.
Lindau	1	1	—	—	—	—	2	28	—	—	
Linz	1	—	—	—	—	—	—	—	—	—	
Lipine	4	4	—	—	—	—	70	360	—	—	
Lippstadt	2	2	—	1	—	—	2	210	—	—	
Lissa	1	1	—	—	—	—	—	28	—	—	
Löbau	7	—	—	—	—	—	11	490	—	—	
Löbtau	—	—	—	—	—	—	—	—	—	—	Kein elektrisches Licht.
Lörrach	2	3	—	—	—	—	22	1450	—	—	
Löwenberg	1	—	—	—	—	—	1	60	—	—	
Lohr	1	—	—	1	—	—	—	26	—	—	
Luckenwalde	3	3	—	—	—	—	—	463	—	—	
St. Ludwig	3	3	—	—	—	1	—	1200	—	—	
Ludwigsburg	2	2	—	—	—	—	—	520	—	—	
Ludwigshafen	11	6	4	—	—	4	180	4002	12	—	
(Bahnhof)	(1)	—	(1)	—	—	(1)	(46)	(800)	—	—	
Lübeck . Einzelanlagen	16	15	1	—	—	6	73	999	—	—	
Zentrale	—	3	—	—	—	1	83	4421	10	—	
Lüneburg	2	1	1	—	—	1	20	425	—	—	
Lüdenscheid	—	—	—	—	—	—	—	—	—	—	
Lüttringhausen	—	—	—	—	—	—	—	—	—	—	Kein elektrisches Licht.
Magdeburg	83	89	35	—	—	6	1249	17513	7	—	
(Theater)	(1)	—	(4)	—	—	—	—	(1097)	—	—	
(Bahnhof)	(3)	(7)	(1)	—	—	—	(231)	(1047)	(1)	—	

Ort	Betriebe	Motoren: Dampfmotoren	Motoren: Gasmotoren	Motoren: Wassermotoren	Motoren: Sonstige Mot.	Sammlerbatterien	Lampen: Bogenlampen	Lampen: Glühlampen	Electromotoren	Sonstige Verbrauchskörper	Bemerkungen
Mainz	20	7	19	—	—	12	182	1990	—	—	Auch Wechselstrom 5%.
(Bahnhof)	(1)	(1)	(2)	—	—	-	(24)	(400)	—	—	
Malchin	1	—	—	—	—	—	—	—	—	—	
Malstatt-Burbach	5	6	—	—	—	1	135	745	4	—	
Mannheim	48	32	19	—	—	16	594	8012	5	—	
(Theater)	(1)	—	(1)	—	—	—	—	(60)	—	—	
(Bahnhof)	(1)	—	—	—	—	(1)	(233)	(926)	—	—	
Marburg	6	3	3	—	—	4	11	776	—	1	
Marienburg	—	—	—	—	—	—	—	—	—	—	Keine Auskunft.
Marienwerder	1	1	—	—	—	—	—	—	—	—	
Markirch	5	—	—	—	—	—	—	—	—	—	
Markneukirchen	2	2	—	—	—	1	2	110	—	3	
Markt-Redwitz	2	2	—	—	—	—	14	380	—	—	
Meerane	7	6	1	—	—	1	145	722	—	—	
Meiningen	—	—	—	—	—	—	—	—	—	—	Kein elektrisches Licht.
Meissen	8	6	2	—	—	1	62	802	—	—	
Melle	1	1	—	—	—	—	3	25	—	—	
Memel	10	8	—	1	1*	1	20	386	—	—	* Petroleum.
Memmingen	2	2	—	—	—	—	4	180	—	—	
Merseburg	3	3	—	—	—	—	3	112	—	—	Auch Wechselstrom.
Zentrale	—	2	—	—	—	1	4	600	—	—	
Mettmann	1	1	—	—	—	—	1	200	—	—	
Metz	—	—	—	—	—	—	—	—	—	—	Keine Auskunft.
Metzingen	3	—	—	3	—	—	—	80	—	—	
Minden	6	5	1	—	—	1	20	435	—	—	
Mittweida	4	4	—	—	—	1	19	1025	2	—	
Moers	3	3	—	—	—	1	—	240	1	—	
Mühlhausen	15	13	2	—	—	8	20	1400	1	—	
Mühlheim (Ruhr)	8	8	2	—	—	1	98	1680	2	—	
Mülhausen i. E. Einzelanl.	10	9	1	—	—	—	120	—	—	—	
(Bahnhof)	—	—	—	—	—	—	—	—	—	—	
Zentrale	1	3	—	—	—	1	28	6500	3	—	

Ort	Betriebe	Motoren				Sammlerbatterien	Lampen		Electromotoren	Sonstige Verbrauchskörper	Bemerkungen
		Dampfmotoren	Gasmotoren	Wassermotoren	Sonstige Mot.		Bogenlampen	Glühlampen			
Mülheim a. Rh. . . .	12	11	1	—	—	1	127	3200	2	—	Auch Wechselstrom
München . Einzelanlagen	188	102	72	15	—	9	1368	52989	3	—	Auch Wechselstrom.
Zentrale . .	1	—	—	3	—	1	348	1800	—	—	
(Theater) . .	(2)	(2)	—	—	—	—	(7)	(5800)	—	—	
(Bahnhof) . .	(1)	(1)	(1)	—	—	—	(92)	(436)	—	—	
Münster	12	9	3	—	—	2	99	1745	—	—	
(Bahnhof)	(1)	(1)	—	—	—	—	(69)	(592)	—	—	
Nauen	3	3	—	—	—	—	20	405	—	—	
Naumburg	2	1	1	—	—	—	8	57	—	—	
Naundorf	1	1	—	—	—	—	—	130	—	—	Wechselstrom.
Neisse	5	4	—	1	—	1	31	319	—	—	
(Bahnhof)	(1)	(1)	—	—	—	(1)	(28)	(89)	—	—	
Netzschkau	2	2	—	—	—	—	5	595	—	—	
Neudamm	4	4	—	—	—	4	4	410	—	—	
Neumarkt	1	1	—	—	—	—	—	50	—	—	
Neumünster	23	23	—	—	—	1	35	2385	—	—	
Neunkirchen	3	3	—	—	—	1	77	157	—	—	
Neuruppin	3	3		—	—	—	16	320	—	—	
Neusalz	3	4	—	—	—	2	84	920	8	—	
Neuss	15	13	2	—	—	1	63	985	1	—	
Neustadt (Hardt) . . .	10	8	2	—	—	3	75	707	—	—	
(Bahnhof)	(1)	(1)	—	—	—	(1)	(66)	(159)	—	—	
Neustadt (Holst.) . . .	1	1	—	—	—	1	4	250	—	—	
Neustadt (Orla)	6	5	1	—	—	1	2	360	1	—	
Neustadt (Oberschlesien) .	—	—	—	—	—	—	—	—	—	—	
Neustrelitz	3	3	—	—	—	1	5	460	—	—	
Neuwied	4	3	1	1	—	—	51	195	—	—	
Neviges	2	2	—	—	—	1	12	450	—	—	
Nicolai	5	4	1	—	—	—	15	260	—	—	
Nieder-Leppersdorf . .	3	3	—	—	—	—	8	1366	—	—	
Niedermendig	1	1	—	—	—	—	—	—	—	—	
Nienburg	3	3	—	—	—	—	14	214	—	—	
Niederwüstegiersdorf . .	1	1	—	—	—	—	13	25	—	—	

Ort	Betriebe	Motoren: Dampfmotoren	Gasmotoren	Wassermotoren	Sonstige Mot.	Sammlerbatterien	Lampen: Bogenlampen	Glühlampen	Electromotoren	Sonstige Verbrauchskörper	Bemerkungen
Nordhausen	9	8	2	—	—	3	77	779	—	—	Auch Wechselstrom.
(Bahnhof)	(1)	(2)	—	—	—	—	(22)	(5)	—	—	
Nürnberg	50	48	1	1	—	1	735	7605	1	—	
(Theater)	(1)	—	(1)	—	—	—	—	—	—	—	
(Bahnhof)	(1)	(1)	—	—	—	—	(128)	(900)	—	—	
Oberhausen	5	6	—	—	—	—	45	820	—	—	
Oels	—	—	—	—	—	—	—	—	—	—	Kein elektrisches Licht.
Oelsnitz	11	9	1	1	—	2	28	2287	—	—	Auch Wechselstrom.
Offenbach	1	—	—	—	1*	1	10	370	—	—	* Druckluft.
Offenburg	2	—	—	—	—	—	—	—	—	—	
Ohligs	2	2	—	—	—	1	4	200	—	—	
Oldenburg	10	2	6	4	—	4	21	756	4	3	Auch Wechselstrom.
(Bahnhof)	(2)	(2)	—	—	—	—	(17)	—	—	—	
Oldesloe	1	1	—	—	—	—	—	32	—	—	
Oppeln	—	—	—	—	—	—	—	—	—	—	Keine Auskunft.
Oschatz	1	1	—	—	—	—	4	105	—	—	
Oschersleben	—	—	—	—	—	—	10	210	—	—	
Osnabrück	9	10	2	—	—	3	152	2816	—	—	
Ostrowo	—	—	—	—	—	—	2	61	—	—	
Paderborn	7	5	1	—	1*	2	7	911	—	—	* Petroleummotor.
Parchim	2	1	—	1	—	2	2	180	—	—	
Passau	2	—	—	—	—	—	10	102	1	—	
Patschkau	—	1	—	—	—	1	2	80	—	—	
Penig	4	1	—	—	—	—	6	38	—	—	
Perleberg	1	—	—	—	1	—	—	30	—	—	
Pforzheim	15	11	2	2	—	5	10	415	—	—	
Pirmasenz	21	20	1	—	—	1	14	2550	—	—	
Pirna	5	3	2	—	—	4	14	360	—	—	
Plauen i. V.	26	20	5	—	1*	2	106	3681	2	—	* Benzinmotor.
Pössneck	8	—	—	—	—	1	52	2700	4	—	
Posen	6	6	—	—	—	5	34	1662	—	—	
(Theater)	—	—	—	—	—	—	(2)	(100)	—	—	

Ort	Betriebe	Motoren: Dampfmotoren	Motoren: Gasmotoren	Motoren: Wassermotoren	Motoren: Sonstige Mot.	Sammlerbatterien	Lampen: Bogenlampen	Lampen: Glühlampen	Electromotoren	Sonstige Verbrauchskörper	Bemerkungen
Potsdam u. Neuendorf	5	6	—	—	—	3	46	794	—	—	Auch Wechselstrom.
(Bahnhof)	(1)	(1)	—	—	—	(1)	(14)	(236)	—	—	
Preetz	1	—	—	—	—	1	1	100	—	—	
Prenzlau	1	1	—	—	—	1	2	100	—	—	
Pritzwalk	1	1	—	1	—	—	-	50	—	—	
Quedlinburg	5	3	2	—	—	3	30	1300	1	—	
Radeburg	5	3	1	1	—	2	20	431	—	—	
Radevormwald	1	1	—	—	—	1	2	265	1	—	
Rastatt	4	3	—	1	—	—	21	427	—	—	
Rathenow	4	3	—	1	—	—	7	331	—	—	Auch Wechselstrom.
Ratibor	8	12	1	—	—	1	51	947	1	—	Auch Wechselstrom.
Ravensburg	3	2	—	2	—	—	22	530	—	—	Auch Wechselstrom.
Rawitsch	—	—	—	—	—	—	—	—	—	—	Kein elektrisches Licht.
Recklinghausen	—	—	—	—	—	—	—	—	—	—	Kein elektrisches Licht.
Regensburg	17	21	1	—	—	5	196	3726	—	—	
(Bahnhof)	(1)	(1)	—	—	—	(1)	(132	(1171)	—	—	
Reichenbach (Schlesien)	4	4	—	—	—	2	12	779	—	—	
Reichenbach (Voigtland)	16	—	—	—	—	4	249	2482	1	—	Auch Wechselstrom.
Remscheid	14	13	1	—	—	1	113	1729	—	—	
Rendsburg	—	—	—	—	—	—	—	—	—	—	Kein elektrisches Licht.
Reutlingen	8	8	—	—	—	1	94	1086	1	—	
Riesa	4	4	—	—	—	1	50	232	3	—	
Rixdorf	4	4	1	—	—	—	70	1032	—	—	
Rochlitz	1	—	—	1	—	1	—	170	—	—	
Rodewisch	1	—	2	—	—	1	2	680	—	—	
Rondsdorf	—	—	—	—	—	—	—	—	—	—	Kein elektrisches Licht.
Ronneburg	4	4	—	—	—	—	—	—	—	—	
Rosenheim	6	1	—	5	—	—	10	774	—	—	
Rosswein	3	3	—	—	—	—	8	250	—	—	
Rostock	12	22	—	—	1*	7	123	2511	4	—	* Petroleummotor.
(Theater)	—	—	—	—	—	—	(2)	—	—	—	
Rudolstadt	3	3	1	2	—	1	16	418	2	—	

Ort	Betriebe	Motoren: Dampfmotoren	Motoren: Gasmotoren	Motoren: Wassermotoren	Motoren: Sonstige Mot.	Sammlerbatterien	Lampen: Bogenlampen	Lampen: Glühlampen	Electromotoren	Sonstige Verbrauchskörper	Bemerkungen.
Ruhrort	12	11	1	—	—	1	271	2351	3	—	Auch Wechselstrom.
Rybnik	4	4	—	—	—	2	8	575	—	—	
Saalfeld	12	12	—	—	—	5	12	1291	—	—	
Salzbrunn	2	2	—	—	—	1	7	200	—	—	Auch Wechselstrom.
Sandhof (Zuckerfabrik) .	1	1	—	—	—	—	4	110	—	—	
Saarbrücken	—	—	—	—	—	—	—	—	—	—	Kein elektrisches Licht.
Saargemünd	4	2	2	—	—	2	50	295	3	1	Kein elektrisches Licht.
Säckingen	3	3	—	—	—	1	—	416	—	—	
Sagan	6	—	6	—	—	—	17	2256	—	—	
Sangerhausen	1	1	—	—	—	1	14	114	—	—	
Schedewitz	3	—	—	—	—	—	106	430	—	—	
Schleiz	1	1	—	—	—	—	2	86	—	—	
Schleswig	2	2	—	—	—	—	3	225	—	—	
Schneeberg	3	3	—	—	—	1	10	275	—	—	
Schneidemühl	2	2	—	—	—	—	10	154	—	—	
Schönebeck	12	11	1	—	—	3	37	1057	—	—	
Schöneberg	—	—	—	—	—	—	—	—	—	—	Keine Auskunft.
Schöningen	3	2	—	—	—	—	5	122	—	—	
Schwabach	6	3	1	1	1*	2	20	120	—	—	* Benzinmotor.
Schwäbisch-Gmünd . .	—	—	—	—	—	—	—	—	—	—	Kein elektrisches Licht.
Schwedt	1	1	—	—	—	1	20	130	—	—	
Schweidnitz	6	6	—	—	—	1	32	580	—	—	
Schweinfurt	2	1	—	1	—	2	1	372	—	—	
Schwelm	6	7	1	—	—	2	64	700	—	1	
Schwerin	2	2	—	—	—	—	11	2500	—	—	
(Theater)	—	—	—	—	—	—	?	?	—	—	Keine nähere Angaben.
Schwerte	2	2	—	—	—	3	28	1070	—	—	
Schwetzingen	2	—	—	—	—	—	—	34	—	—	
Schwiebus	5	5	—	—	—	1	16	218	—	—	
Sebnitz	5	4	—	1	—	1	61	564	—	—	
Seitz-Ottendorf	1	1	—	—	—	—	—	45	—	—	
Siegburg	2	—	—	—	—	—	—	—	—	—	

Ort	Betriebe	Motoren: Dampfmotoren	Gasmotoren	Wassermotoren	Sonstige Mot.	Sammlerbatterien	Lampen: Bogenlampen	Glühlampen	Electromotoren	Sonstige Verbrauchskörper	Bemerkungen
Siegen	6	6	—	—	—	—	36	345	7	—	Auch Wechselstrom.
Sigmaringen Einzelanlagen	3	—	—	3	—	1	40	3000	5	—	
Zentrale . .	—	—	—	2	—	1	—	60	3	—	Kein elektrisches Licht.
Soest	—	—	—	—	—	—	—	—	—	—	Kein elektrisches Licht.
Solingen	9	—	—	—	—	3	52	1355	5	2	Auch Wechselstrom.
Sommerfeld	11	11	—	—	—	3	14	1246	—	—	
Sonderburg	1	1	—	—	—	—	2	65	—	—	
Sonneberg	1	—	1	—	—	—	8	16	—	—	
Sorau	8	8	—	—	—	—	19	2329	—	—	
Spandau	11	7	4	—	—	9	35	767	—	—	Auch Wechselstrom.
Speyer	7	7	—	—	—	3	50	7590	—	—	
Spremberg	—	—	—	—	—	—	—	—	—	—	Keine Auskunft.
Stade	—	—	—	—	—	—	—	—	—	—	Kein elektrisches Licht.
Stadthagen	2	2	—	—	—	—	—	—	—	—	
Stargard	1	1	—	—	—	—	18	32	—	—	
Stassfurt	—	—	—	—	—	—	—	—	—	—	Keine Auskunft.
Stendal	4	4	—	—	—	2	45	860	—	—	
Stettin	17	18	1	1	—	5	143	3651	1	—	(vgl. Zentral.)
Stolberg (bei Aachen) . .	7	7	—	—	—	—	28	75	—	—	
Stolp	2	2	—	—	—	—	4	136	—	—	
Stralsund	4	4	—	—	—	1	30	512	—	—	
Strassburg	—	15	17	—	—	11	246	6355	9	—	
(Bahnhof)	(1)	—	—	—	—	—	(116)	(2360)	—	—	
Straubing	1	1	—	—	—	1	12	225	1	—	
Strehlau	2	2		—		1	14	190	1		
Striegau	2	2	—	—	—	—	8	25	1	—	
Stuttgart	38	29	7	—	1*	16	334	11606	27	—	* Heissluftmotor.
(Theater u. Residenz)	(1)	(1)	—	—	—	(1)	(4)	(1500)	(1)	—	
(Bahnhof)	(1)	(1)	—	—	—	—	54)	(300)	(4)	—	
Suhl	2	—	—	—	—	—	12	1566	—	—	
(Theater)	—	—	—	—	—	—	—	(27)	—	—	
Tannhausen	2	2	—	—	—	1	53	600	—	—	

Ort	Betriebe	Motoren: Dampfmotoren	Gasmotoren	Wassermotoren	Sonstige Mot.	Sammlerbatterien	Lampen: Bogenlampen	Glühlampen	Electromotoren	Sonstige Verbrauchskörper	Bemerkungen
Tarnowitz	3	3	—	—	—	—	64	236	—	—	Auch Wechselstrom.
(Bahnhof)	(1)	(1)	—	—	—	—	(32)	(88)	—	—	
Teterow	2	—	—	—	—	—	—	40	—	—	
Thann	3	—	—	—	—	—	30	495	—	—	
Thorn	2	—	—	—	—	—	10	200	—	—	
Tilsit	3	3	—	—	—	2	6	592	—	—	
(Theater)	—	—	—	—	—	—	?	?	—	—	Keine nähere Angaben.
Torgau	—	—	—	—	—	—	—	—	—	—	Kein elektrisches Licht.
Trachenberg	1	—	—	—	—	—	—	—	—	—	
Traunstein . Einzelanlagen	3	1	—	2	—	—	7	290	—	—	
Zentrale	1	1	—	1	—	—	8	346	—	—	
Treuen	1	—	—	—	—	—	—	—	—	—	
Trier	6	4	2	—	—	6	23	536	—	—	
Tübingen	—	—	—	—	—	—	—	—	—	—	Kein elektrisches Licht.
Uelzen	3	1	1	1	—	2	12	430	—	—	
Uerdingen	2	2	—	—	—	1	16	50	1	—	
Ulm	6	3	2	1	—	3	107	2118	—	—	
(Bahnhof und Post)	(1)	(1)	—	—	—	—	(83)	(875)	—	—	
Unna	3	3	—	—	—	—	7	250	—	—	
Vegesack	2	2	—	—	—	1	8	780	—	—	
Velbert	3	3	—	—	—	—	21	360	—	—	
Verden	1	1	—	—	—	—	4	70	—	—	
Viersen und Süchteln	9	9	—	—	—	—	8	2850	—	—	
Vlotho	1	1	—	—	—	1	3	60	—	—	
Wald	2	2	—	—	—	—	4	414	—	—	
Waldenburg	4	4	—	—	—	—	34	420	—	—	Auch Wechselstrom.
Waldheim	5	3	—	2	—	1	—	456	—	—	
Waltershausen	1	1	—	—	—	—	—	60	—	—	
Wandsbeck	6	3	3	—	—	2	10	600	—	—	
Waren	3	—	—	—	—	—	15	225	—	—	
Wattenscheid	—	—	—	—	—	—	—	—	—	—	Kein elektrisches Licht.
Weilburg	2	—	—	2	—	—	—	60	—	—	

Ort	Betriebe	Motoren: Dampfmotoren	Motoren: Gasmotoren	Motoren: Wassermotoren	Motoren: Sonstige Mot	Sammelrbatterien	Lampen: Bogenlampen	Lampen: Glühlampen	Electromotoren	Sonstige Verbrauchskörper	Bemerkungen
Weimar . Einzelanlagen	6	5	—	1	—	1	15	348	—	—	
Zentrale . .	1	2	1	—	—	1	14	1580	—	—	
(Theater)	—	—	—	—	—	—	(8)	(1300)	—	—	
Weissenburg a. S. . .	4	4	—	—	—	—	40	307	—	—	Auch Wechselstrom.
Weissenfels	7	7	—	—	—	—	36	728	—	—	
St. Wendel	1	1	—	—	—	—	1	30	—	—	
Werdau	12	—	—	—	—	—	330	2570	—	—	
Werder	3	3	—	—	—	2	6	250	—	—	
Wermelskirchen (B. Ddf.)	2	2	—	—	—	1	—	780	1	—	
Wesel	3	3	—	—	—	—	4	146	—	—	
Wickrath	3	1	2	—	—	—	—	200	—	—	
Wiesbaden	26	14	11	1	—	12	203	3801	8	1	
Wildbad	1	1	—	—	—	—	—	60	—	—	
Wilhelmshaven	—	—	—	—	—	—	—	—	—	—	Keine Auskunft.
Wismar	3	2	1	—	—	2	13	368	—	—	
Witten	11	9	2	1	—	3	100	1452	—	—	
Wittenberg	5	5	—	—	—	1	15	130	1	—	
Wittenberge	4	4					26	900	—	—	
Wittstock	2	2	—	—	—	2	1	175	—	—	
Wolfenbüttel	2	2	—	—	—	—	11	260	—	—	
Worms	12	9	3	—	—	1	39	1990	1	—	
(Theater)	—	—	—	—	—	—	(3)	(540)	—	—	
Würzburg	14	13	4	1	—	4	205	2589	1	—	
(Bahnhof)	(1)	(1)	—	—	—	(1)	(120)	(1080)	(1)	—	
Wurzen	7	7	—	—	—	—	43	829	2	—	
Zabrze	—	—	—	—	—	—	—	—	—	—	Keine Auskunft.
Zeitz	4	3	—	1	—	—	2	620	—	—	
Zerbst	3	2	1	—	—	—	5	238	—	—	
Ziegenhals	1	1	—	—	—	—	4	130	—	—	
Zittau	13	12	1	—	—	2	83	407	—	—	
Züllichau	1	1	—	—	—	—	3	200	—	—	
Zweibrücken	7	7	—	—	—	—	30	500	—	—	
Zwickau . Einzelanlagen	14	8	5	1	—	2	92	1024	—	—	Auch Wechselstrom.
Zentrale . .	1	3	—	—	—	1	128	2400	8	—	

Anhang.

Elektrische Beleuchtung in einigen Städten des Auslandes.

Ort		Betriebe	Motoren: Dampfmotoren	Motoren: Gasmotoren	Motoren: Wassermotoren	Motoren: Sonstige Mot.	Sammlerbatterien	Lampen: Bogenlampen	Lampen: Glühlampen	Electromotoren	Sonstige Verbrauchskörper	Bemerkungen
Agram		4	2	2	—	—	—	27	282	—	—	
Eger		4	4	—	—	—	—	—	200	—	—	
Gablonz	Einzelanlagen	—	—	—	—	—	—	—	—	—	—	
	Zentrale	1	1	—	2	—	2	20	3900	14	—	
St. Gallen		17	6	12	1	2*	10	25	2546	3	1	* Petroleummotoren. Dar. 1 Wechselstromanlage.
Kopenhagen	Einzelanl.	63	—	—	—	—	10	—	—	—	—	72 Motoren ohne nähere Angab.
	Zentrale	1	3	—	—	—	2	698	15012	20	—	
Meran		2	—	—	2	—	1	—	50	—	—	
Örlikon		5	5	—	—	—	1	120	700	—	3	
Pressburg		4	4	—	—	—	—	10	500	—	—	
Riga		30	28	2	—	—	2	102	10550	2	—	
	(Theater)	—	—	—	—	—	—	(4)	(2200)	—	—	
Salzburg	Einzelanlagen	7	—	—	—	—	—	—	400	—	—	10 Motoren ohne nähere Angab.
	Zentrale	1	4	—	—	—	3	200	6400	4	—	
Stockholm	Einzelanlagen	74	—	—	—	—	7	493	22990	7	—	
	Zentrale	2	—	—	—	—	2	123	6551	9	—	
Toess (Winterthur)		1	1	—	1	—	1	36	70	1	—	
Wien	Einzelanlagen	—	—	—	—	—	—	—	—	—	—	
	Zentrale	1	9	—	—	—	6	12	12100	1	—	
Winterthur		9	4	—	1	—	3	179	645	21	1	1 Drehstromanlage.
Zürich (Escher-Wyss)		1	1	—	—	—	1	100	800	—	—	

II. Zentralstationen.

Ort	Leistungsfähigkeit: gleichzeitig brennende 50 Watt-Lampen		Entfernung der Zentrale vom Mittelpunkt des Beleuchtungsgebietes ungefähr:	System	Spannung		Kessel			Ausrüstung der Zentrale: Motoren		Ausrüstung der Zentrale: Dynamomaschinen		
	Zentrale	Leitungsnetz	km		in der Zentrale Volt	im Vertheilungsnetz Volt	Anzahl	Gesammt-Heizfläche qm	Ueberdruck kgr/qcm	Art, Zahl und P. S. pro Maschine	P. S. im Ganzen	System, Zahl und Kilowatt pro Dynamo	Kilowatt zusammen	Umlaufszahl
Aachen	10000	—	2	Gleichstrom Dreileiter Sammler	245	2 × 108	3	420	12	2 Dampfmaschinen	700	2 Schuckert-Flachring.	480	120
Altona	11800	16000	—	Gleichstrom Dreileiter Sammler	—	216	2	447	12	2 Dampfmaschinen à 350 P. S.	700	2 Schuckert-Flachring. à 300 Kw.	600	115
Bamberg	350	350	0,65	Gleichstrom Zweileiter Sammler	—	110	—	—	—	1 Gasmotor 40 P. S. 1 Wassermotor 30 P. S.	70	4 Innenpol-maschinen	34	580
Barmen	6400	7000	0,4	Gleichstrom Dreileiter Sammler	—	2 × 110	3	279	8	3 Dampfmaschinen 2 à 100 P. S. 1 à 160 P. S.	360	6 Schuckert-Flachring 4 à 30 Kw. 2 à 48 Kw.	216	450 bis 480
Berlin	143342	302000	—	Gleichstrom Dreileiter theilweise Sammler	—	2 × 108	29	8700	10	21 Dampfmaschinen	13450	22	7167	70 bis 80
Bochum	660	—	—	Gleichstrom Zweileiter Sammler	—	110	—	—	—	1 Gasmotor 30 P. S.	30	1 Siemens à 29 Kw.	29	—
Bockenheim b. Frankfurt	—	—	—	Drehstrom und Gleichstrom	—	—	?	?	?	2 Dampfmaschinen	600	2 Drehstrom-Dynamos à 150 Kw. 2 Gleichstr.-Dynamos à 40 Kw.	380	—
Bremen	8500	20000	2	Gleichstrom Dreileiter Sammler	—	2 × 110	3	525	11	3 Dampfmaschinen à 240–320 P. S.	720 bis 960	3 Siemens Innenpol à 211 Kw.	633	120

Umformung: Zahl der Unterstationen	rotirende Umformer: Anzahl	rotirende Umformer: Leistung Kilowatt	ruhende Umformer: Anzahl	ruhende Umformer: Leistung Kilowatt	Leitungsnetz: Primärleitungen km	Primärleitungen Kupfer t	Secundärhauptleitungen km	Secundärhauptleitungen Kupfer t	Netzleitungen km	Netzleitungen Kupfer t	Lampen	Bogenlampen	Glühlampen	Jahres-Verbrauch Kilowattstunden	Verbrauch: Electromotoren Anzahl	Electromotoren P. S.	Electromotoren Jahres-Verbrauch Kilowattstunden	Gesammt-Jahres-Verbrauch Kilowattstunden	Maximal-Verbrauch Kwtt	Zahl der Abnehmer	Durchschnitts-Brenndauer in Stunden
											Strassenbeleuchtung . .	—	—	—							
											Theater	—	—	—							
—	—	—	—	—	—	—	—	—	—	—	Bahnhof	—	—	—	—	—	—	—	—	—	—
											staatl. u. städt. Gebäude .	—	—	—							
											Privatbeleuchtung . . .	—	—	—							
											Zusammen . .	—	6000	—							
											Strassenbeleuchtung . .	8	—	—							
											Theater	—	—	—							
1	2 Zusatzdynamos	20	—	—	29,5	—	—	—	52,7	—	Bahnhof	6	—	—	4	12	—	204972	2201	251	679
											staatl. u. städt. Gebäude .	4	—	—							
											Privatbeleuchtung . . .	202	—	—							
											Zusammen . .	220	5917	—							
											Strassenbeleuchtung . .	26	2	30000							
											Theater	—	—	—							
—	—	—	—	—	—	—	—	—	—	—	Bahnhof	—	—	—	1	2	4000	40000	—	—	2900
											staatl. u. städt. Gebäude .	—	60	6000							
											Privatbeleuchtung . . .	—	—	—							
											Zusammen . .	26	62	36000							
											Strassenbeleuchtung . .	8	—	827							
											Theater	6	780	7048							
—	—	—	—	—	—	—	3 × 7,0	20,2	3 × 11,5	13,6	Bahnhof	—	—	—	10	10	1140	108210	141	171	255
											staatl. u. städt. Gebäude .	12	973	13396							
											Privatbeleuchtung . . .	243	5157	85799							
											Zusammen . .	269	6910	107070							
											Strassenbeleuchtung . .	178	4	309555							
											Theater	264	12200	405000							
1	3	48	—	—	—	—	885,3 km mit 1944,7 t.				Bahnhof	65	350	65621	362	1230	485105	6382517	4894	2520	632
											staatl. u. städt. Gebäude .	450	11000	258550							
											Privatbeleuchtung . . .	5130	98476	4858020							
											Zusammen . .	6087	122030	5897412							
											Strassenbeleuchtung . .	—	—	—							
											Theater	—	—	—							
—	—	—	—	—	—	—	—	—	—	—	Bahnhof	—	—	—	—	—	—	16782	41,8	8	470
											staatl. u. städt. Gebäude .	—	—	—							
											Privatbeleuchtung . . .	16	594	16782							
											Zusammen . .	16	594	16782							
											Strassenbeleuchtung . .	—	—	—							
											Theater	—	—	—							
—	—	—	—	—	—	—	—	—	—	—	Bahnhof	—	—	—	32	285	—	—	—	—	—
											staatl. u. städt. Gebäude .	—	—	—							
											Privatbeleuchtung . . .	—	—	—							
											Zusammen . .	60	1100								
											Strassenbeleuchtung . .	—	—	—							
											Theater	—	2000	—							
3	—	—	—	—	14,5	68	43,0	40	136	56	Bahnhof	—	—	—	15	40	—	—	—	475	—
											staatl. u. städt. Gebäude .	—	1000	—							
											Privatbeleuchtung . . .	—	18000	—							
											Zusammen . .	—	21000	—							

Ort	Leistungsfähigkeit: gleichzeitig brennende 50 Watt-Lampen		Entfernung der Zentrale vom Mittelpunkt des Beleuchtungsgebietes ungefähr:	System	Spannung		Kessel			Ausrüstung der Zentrale				
										Motoren		Dynamomaschinen		
	Zentrale	Leitungsnetz	km		in der Zentrale Volt	im Vertheilungsnetz Volt	Anzahl	Gesammt-Heizfläche qm	Ueberdruck kgr qcm	Art, Zahl und P. S. pro Maschine	P. S. im Ganzen	System, Zahl und Kilowatt pro Dynamo	Kilowatt zusammen	Umlaufszahl
Breslau	11750	14280	0,3	Gleichstrom Dreileiter Sammler	—	2 × 110	3	820	10	3 Dampfmaschinen à 250 P. S.	750	6 Innenpolmaschinen à 487,5 Kw.	2925	150
Burghausen . . .	—	—	—	—	—	—	—	—	—	—	—	—	—	—
Cassel	3920	2500	0,3	Wechselstromübertragung mit Gleichstromvertheilung und Sammlern	2× 125	2× 110	1	83	7	1 Dampfmaschine à 110 P. S. 4 Wassermotoren à 200 P. S.	910	2 Oerlikon à 66 Kwtt.	132	600
Darmstadt	9000	7500	1	Gleichstrom Dreileiter Sammler	—	2× 109	4	473	8	5 Dampfmaschinen	580	7 mehrpolige Dynamos à ca. 47 Kw.	330	210 bis 220
Dessau	2700	4000	—	Gleichstrom Zweileiter Sammler	—	108	—		—	1 Gasmotor à 120 P. S. 1 dto. à 60 P. S.	180	1 Fritsche 1 A E G	120	140 und 700
Düsseldorf	10000	25000	3	Gleichstrom mit Sammlerstationen und Dreileitervertheilung	290	2× 110	4	608	9	2 Dampfmaschinen mit 300—400 P. S.	600 bis 800	2 Dynamos, Schuckert	600	90
Duisburg	—	—	1	Gleichstrom Zweileiter Sammler Bogelampen in Serie	—	120 6 bis 700	2	164	8	5 Dampfmaschinen	100	4 Serien- und 1 Compoundmaschine	40,4	800
Eisenach	3000	3000	2	Gleichstrom Dreileiter Sammler	—	2× 111	2	200	7	2 Dampfmaschinen à 120 P. S.	240	4 Dynamos à 44 Kwtt.	176	800

Umformung: Zahl der Unterstationen	rotirende Umformer: Anzahl	rotirende Umformer: Leistung Kilowatt	ruhende Umformer: Anzahl	ruhende Umformer: Leistung Kilowatt	Leitungsnetz: Primärleitungen km	Primärleitungen Kupfer t	Secundärhauptleitungen km	Secundärhauptleitungen Kupfer t	Netzleitungen km	Netzleitungen Kupfer t	Lampen	Bogenlampen	Glühlampen	Verbrauch: Jahres-Verbrauch Kilowattstunden	Electromotoren: Anzahl	Electromotoren: P. S.	Electromotoren: Jahres-Verbrauch Kilowattstunden	Gesammt-Jahres-Verbrauch Kilowattstunden	Maximal-Verbrauch Kwtt	Zahl der Abnehmer	Durchschnitts-Brenndauer in Stunden
											Strassenbeleuchtung	12	—	17974,0							
											Theater	6	1952	41610,1							
—	—	—	—	—	19,59 km 41,7 t.				34,5	11,77	Bahnhof	—	—	—	23	27,9	7206,5	446722,2	993	387	586
											staatl. u. städt. Gebäude	1	596	9047,7							
											Privatbeleuchtung	692	6869	370 883,9							
											Zusammen	711	9417	439 515,7							
											Strassenbeleuchtung	—	110	—							
											Theater	—	—	—							
—	—	—	—	—	—	—	—	—	—	—	Bahnhof	—	—	—	—	—	—	15000	—	—	365
											staatl. u. städt. Gebäude	—	300	—							
											Privatbeleuchtung	—	390	—							
											Zusammen	—	800	—							
											Strassenbeleuchtung	14	—	11830							
											Theater	2	244	—							
2	2	110	—	—	6,6	0,35	16,4	9,0	30,2	9,64	Bahnhof	—	—	—	6	13	5626,1	108354,7	973,1	187	476
											staatl. u. städt. Gebäude	—	—	—							
											Privatbeleuchtung	206	2456	90898.6							
											Zusammen	230	3700	102 726,8							
											Strassenbeleuchtung	—	—	—							
											Theater	18	2803	—							
—	—	—	—	—	—	—	14,35	—	39,20	—	Bahnhof	—	—	—	8	12,5	—	—	—	270	—
											staatl. u. städt Gebäude	—	—	—							
											Privatbeleuehtung	120	6000	—							
											Zusammen	138	8803	—							
											Strassenbeleuchtung	—	—	—							
											Theater	2	1060	21960							
—	—	—	—	—	—	—	—	—	6	—	Bahnhof	—	—	—	3	4,5	965	43200	83,6	55	194,8
											staatl. u. städt. Gebäude	—	78	760							
											Privatbeleuchtung	50	2340	19515							
											Zusammen	52	3478	42235							
											Strassenbeleuchtung	4	—	5385,1							
											Theater	6	2356	15950,8							
—	—	—	—	—	31,0	—	52,8	—	73,9	—	Bahnhof	138	648	91303,1	2	3	1143,4	337285,4	302,8	299	419
											staatl. u. städt. Gebäude	48	2579	37911,6							
											Privatbeleuchtung	573	6281	128 970,4							
											Zusammen	779	11864	279 521,0							
											Strassenbeleuchtung	4	—	—							
											Theater	—	—	—							
—	—	—	—	—	—	—	—	—	38,7	5,8	Bahnhof	65	—	—	—	—	—	44222	—	2	—
											staatl. u. städt. Gebäude	4	10	—							
											Privatbeleuchtung	2	50	—							
											Zusammen	75	60	44222							
											Strassenbeleuchtung	—	—	—							
											Theater	—	—	—							
—	—	—	—	—	—	—	—	—	—	—	Bahnhof	—	—	—	11	30	—	—	—	107	—
											staatl. u. städt. Gebäude	—	—	—							
											Privatbeleuchtung	35	1966	—							
											Zusammen	35	1966	—							

Ort	Leistungsfähigkeit: gleichzeitig brennende 50 Watt-Lampen Zentrale	Leistungsfähigkeit: Leitungsnetz	Entfernung der Zentrale vom Mittelpunkt des Beleuchtungsgebietes ungefähr: km	System	Spannung in der Zentrale Volt	Spannung im Vertheilungsnetz Volt	Kessel Anzahl	Kessel Gesammt-Heizfläche qm	Kessel Ueberdruck kgr qcm	Motoren Art, Zahl und P. S. pro Maschine	Motoren P. S. im Ganzen	Dynamomaschinen System, Zahl und Kilowatt pro Dynamo	Dynamomaschinen Kilowatt zusammen	Dynamomaschinen Umlaufszahl
Elberfeld	12000	—	—	Gleichstrom Dreileiter	—	2 × 110	6	738	8	6 Dampfmaschinen	1200	12 Nebenschlussmaschinen	744	160 und 560
Esslingen	3000	3000	—	Gleichstrom Dreileiter Sammler	—	2 × 105	2	200	$8^1/_4$	2 Dampfmaschinen 1 à 100 P. S. 1 à 105 P. S.	250	2 Nebenschlussmaschinen 1 à 60 Kw. 1 à 70 Kw.	130	100 und 150
Fürstenfeld-Bruck .	—	—	—	Drehstrom	—	—	—	—	—	—	—	—	—	—
Gera	3000	4000	0,2	Gleichstrom Dreileiter Sammler	2 × 121	2 × 110	3	455	10	3 Dampfmaschinen à 150 P. S.	450	6 Nebenschlussm. à 55 Kw.	330	550
Greifenhagen . . .	—	660	—	Gleichstrom Zweileiter Sammler	120	110	1	31	7	1 Dampfmaschine 25 P. S.	25	1 Zweipol. Trommel 16,2 Kw.	16,2	—
Gummersbach . .	—	1780	—	Gleichstrom Zweileiter Sammler	170	150	—	—	—	2 Locomobilen à 40 P. S.	80	2 Dynamos à 21 Kw.	42	—
Hagen i. W. . . .	1260	1260	0,25	Gleichstrom Zweileiter Sammler	—	150	—	—	—	2 Gasmotoren à 8 P. S.	16	2 Dynamos à 6 Kw.	12	750
Hamburg	10000	12000	—	Gleichstrom Zweileiter Sammler	—	105	6	1500	6,5	4 Dampfmaschinen	1100	6 Schuckert Dynamos	550	300

Umformung					Leitungsnetz						Lampen			Verbrauch							
Zahl der Unterstationen	rotirende Umformer		ruhende Umformer		Primärleitungen		Secundärhauptleitungen		Netzleitungen					Jahres-Verbrauch Kilowattstunden	Electromotoren			Gesammt-Jahres-Verbrauch Kilowattstunden	Maximal-Verbrauch	Zahl der Abnehmer	Durchschnitts-Brenndauer in Stunden
	Anzahl	Leistung Kilowatt	Anzahl	Leistung Kilowatt	km	Kupfer t	km	Kupfer t	km	Kupfer t		Bogenlampen	Glühlampen		Anzahl	P. S.	Jahres-Verbrauch Kilowattstunden		Kwtt		
											Strassenbeleuchtung	6	—	—							
											Theater	—	—	—							
—	—	—	—	—	—	—	20	—	—	—	Bahnhof	—	—	—	3	5½	—	—	—	257	—
											staatl. u. städt. Gebäude	—	—	—							
											Privatbeleuchtung	550	7000	—							
											Zusammen	556	7000	—							
											Strassenbeleuchtung	4	24	—							
											Theater	—	—	—							
—	—	—	—	—	14	7,1	23	11	14	2	Bahnhof	—	—	—	40	140	—	—	—	130	—
											staatl. u. städt. Gebäude	—	350	—							
											Privatbeleuchtung	8	2010	—							
											Zusammen	12	2384	—							
											Strassenbeleuchtung	—	200	—							
											Theater	—	—	—							
—	—	—	—	—	—	—	—	—	—	—	Bahnhof	—	—	—	?	45	—	—	55,2	—	—
											staatl. u. städt. Gebäude	—	—	—							
											Privatbeleuchtung	—	1210	—							
											Zusammen	—	1410	—							
											Strassenbeleuchtung	4	3	—							
											Theater	1	233	—							
—	—	—	—	—	—	—	23 km; 7,5 t				Bahnhof	—	—	—	8	28	—	—	88,5	131	—
											staatl. u. städt. Gebäude	—	—	—							
											Privatbeleuchtung	116	2425	—							
											Zusammen	121	2661	—							
											Strassenbeleuchtung	—	110	—							
											Theater	—	—	—							
—	—	—	—	—	—	—	?	?	6,3	?	Bahnhof	—	—	—	?	2	—	—	—	—	517
											staatl. u. städt. Gebäude	—	—	—							
											Privatbeleuchtung	—	442	—							
											Zusammen	—	552	—							
											Strassenbeleuchtung	—	—	—							
											Theater	—	—	—							
—	—	—	—	—	—	—	?	?	?	?	Bahnhof	—	—	—	—	—	—	—	—	—	—
											staatl. u. städt. Gebäude	—	—	—							
											Privatbeleuchtung	—	—	—							
											Zusammen	—	—	—							
											Strassenbeleuchtung	—	—	—							
											Theater	—	—	—							
—	—	—	—	—	—	—	3,2	0,8	16	3,5	Bahnhof	—	—	—	—	—	—	32717	40,8	77	400
											staatl. u. städt. Gebäude	—	22	} 32717							
											Privatbeleuchtung	—	1880								
											Zusammen	—	1902	32717							
											Strassenbeleuchtung	69	—	55153							
											Theater	2	1100	19750							
—	—	—	—	—	—	—	—	—	30	75	Bahnhof	—	—	—	—	—	—	513183	430	248	690
											staatl. u. städt. Gebäude	—	200	1700							
											Privatbeleuchtung	347	9800	436580							
											Zusammen	418	11100	513183							

Ort	Leistungsfähigkeit: gleichzeitig brennende 50 Watt-Lampen		Entfernung der Zentrale vom Mittelpunkt des Beleuchtungsgebietes ungefähr:	System	Spannung		Kessel			Ausrüstung der Zentrale				
										Motoren		Dynamomaschinen		
	Zentrale	Leitungsnetz	km		in der Zentrale Volt	im Vertheilungsnetz Volt	Anzahl	Gesammt-Heizfläche qm	Ueberdruck kgr/qcm	Art, Zahl und P. S. pro Maschine	P. S. im Ganzen	System, Zahl und Kilowatt pro Dynamo	Kilowatt zusammen	Umlaufszahl
Hannover	15000	15000	—	Gleichstrom Dreileiter Sammler	—	2 × 110	4	846	12	3 Dampfmaschinen	1200	3 Dynamos	900	120
Heilbronn	6400	—	11	Drehstrom	5000	102	—	—	—	2 Wassermotoren à 300 P. S.	600	Örlikon 2 à 200 Kw.	400	150
Köln	20000	24000	2,5	Wechselstrom Zweileiter	2124	2050 trans-form auf 72 und 110	6	1272	6	3 Dampfmaschinen à 500 P. S. 1 à 125 P. S.	1625	Helios 3 à 300 Kw. 1 à 80 Kw.	980	85
Königsberg . . .	8500	33000	—	Gleichstrom Fünfleiter Sammler	—	4 × 110	4	530	12	4 Dampfmaschinen	600	8 Innenpol-maschinen	384	200
Lübeck	6080	10500	—	Gleichstrom Dreileiter Sammler	—	2 × 105	3	201	10	3 Dampfmaschinen	330	6 Flachring	234	380
Merseburg	600	600	2	Gleichstrom Zweileiter Sammler	—	105	2	128	10	2 Dampfmaschinen à 40 P. S.	80	2 Dynamos 1 à 20 1 à 30	50	450 u. 1100
Mülhausen i. E. . .	—	8000	1	Gleichstrom Dreileiter Sammler	—	2 × 100	2	390	8	3 Dampfmaschinen	300	2 Dynamos à 100 Kw.	200	—
München	3000	3000	1	Gleichstrom Dreileiter Sammler	—	500 110	2	—	—	1 Dampfmaschine à 200 P. S. 3 Turbinen à 90 P. S.	470	7 Dynamos	239	—

Zahl der Unterstationen	Umformung: rotirende Umformer Anzahl	Umformung: rotirende Umformer Leistung Kilowatt	Umformung: ruhende Umformer Anzahl	Umformung: ruhende Umformer Leistung Kilowatt	Leitungsnetz: Primärleitungen km	Primärleitungen Kupfer t	Secundärhauptleitungen km	Secundärhauptleitungen Kupfer t	Netzleitungen km	Netzleitungen Kupfer t	Lampen	Bogenlampen	Glühlampen	Verbrauch: Jahres-Verbrauch Kilowattstunden	Electromotoren Anzahl	Electromotoren P. S.	Electromotoren Jahres-Verbrauch Kilowattstunden	Gesammt-Jahres-Verbrauch Kilowattstunden	Maximal-Verbrauch Kwtt	Zahl der Abnehmer	Durchschnitts-Brenndauer in Stunden
											Strassenbeleuchtung	sind unter Glühlamp. mitgerechnet	412	32300							
											Theater		—	—							
—	—	—	—	—	—	—	11,3	19,6	52,3	29,8	Bahnhof		—	—	—	19,6	3920	365120	—	—	—
											staatl. u. städt. Gebäude		—	—							
											Privatbeleuchtung		12942	328000							
											Zusammen		13354	361200							
											Strassenbeleuchtung	8	—	—							
											Theater	—	—	—							
—	—	—	43	300	11	—	7 5	—	7	—	Bahnhof	—	—	—	25	53	57000	110000	—	130	320
											staatl. u. städt. Gebäude	—	—	—							
											Privatbeleuchtung	—	4000	53000							
											Zusammen	8	4000	53000							
											Strassenbeleuchtung	—	—	—							
											Theater	—	—	—							
											Bahnhof	—	—	—							
—	—	—	221	1677,5	—	—	4,5	17,6	17,4	31,5	staatl. u. städt. Gebäude	73	3401	132 385,2	7	20	4941,4	424589,9	451,3	239	421,4
											Privatbeleuchtung	276	13990	287 263,3							
											Zusammen	349	17391	419 648,5							
											Strassenbeleuchtung	8	—	—							
											Theater	6	388	—							
—	—	—	—	—	—	—	84,5 km; 85,3 t				Bahnhof	—	—	—	14	10,5	—	224638	252	256	500
											staatl. u. städt. Gebäude	17	980	—							
											Privatbeleuchtung	365	5672	—							
											Zusammen	396	7040	—							
											Strassenbeleuchtung	24	12	22297,4							
											Theater	2	43	573,8							
—	—	—	—	—	—	—	13,3	14,9	13,0	9,2	Bahnhof	4	64	3875,8	10	27,6	3279,4	135604	136	244	469
											staatl. u. städt. Gebäude	2	925	13273,4							
											Privatbeleuchtung	51	3377	92304,4							
											Zusammen	83	4421	132 324,8							
—	—	—	—	—	—	—	—	—	—	—	Privatbeleuchtung	4	600	—	—	—	—	—	—	—	—
—	—	--	—	—	—	—	4,5	—	8,6	--	Zusammen	28	6500	—	3	—	—	—	—	—	—
											Strassenbeleuchtung	268	—	—							
—	—	—	—	—	—	—	75	—	—	—	staatl. u. städt. Gebäude	80	1800	—	—	—	—	—	—	—	—
											Zusammen	348	1800	—							

Ort	Leistungsfähigkeit: gleichzeitig brennende 50 Watt-Lampen: Zentrale	Leistungsfähigkeit: Leitungsnetz	Entfernung der Zentrale vom Mittelpunkt des Beleuchtungsgebietes ungefähr: km	System	Spannung: in der Zentrale Volt	Spannung: im Vertheilungsnetz Volt	Kessel: Anzahl	Kessel: Gesammt-Heizfläche qm	Kessel: Ueberdruck kgr qcm	Ausrüstung der Zentrale — Motoren: Art, Zahl und P. S. pro Maschine	Motoren: P. S. im Ganzen	Dynamomaschinen: System, Zahl und Kilowatt pro Dynamo	Dynamomaschinen: Kilowatt zusammen	Dynamomaschinen: Umlaufszahl	Sa[…]: System und Anzahl der Zellen
Neuhaldensleben	—	—	—	—	—	—	—	—	—	—	—	—	—	—	—
Sigmaringen . . .	4600	—	½	Gleichstrom Dreileiter Sammler	2 × 120	2 × 110	—	—	—	2 Turbinen à 200 P. S.	400	6 Dynamos	—	—	126
Stettin	12000	14000	—	Gleichstrom Dreileiter Sammler	—	2 × 110	4	660	12	4 Dampfmaschinen	800	8 Siemens	520	—	Tud[…] 402
St. Lazarus (b. Posen)	220	220	½	Gleichstrom Dreileiter Sammler	—	2 × 120	2	57,8	6	?	—		205	658	G. Hagen 120
Traunstein	—	—	—	Gleichstrom Dreileiter	2 × 117	2 × 110	1	34	$6^1/_2$	1 Dampfmaschine à 30 P. S. 1 Wassermotor à 27 P. S.	57	2 Dynamos	—	900	— —
Triberg	—	—	—	—	—	—	—	—	—	—	—	—	—	—	—
Weimar	1600	2200	0,8	Gleichstrom Dreileiter Sammler	—	106	2	156	6	2 Dampfmaschinen à 50 P. S. 1 à 25 P. S.	125	6 Dynamos	69	980	Tud[…] —
Zwickau	4200	4200	—	Gleichstrom Dreileiter Sammler	—	2× 108	3	270	8,5	3 Dampfmaschinen à 150 P. S.	450	6 Dynamos	300	130	Tud[…] 136

Umformung				Leitungsnetz						Lampen			Verbrauch							
rotirende Umformer		ruhende Umformer		Primärleitungen		Secundärhauptleitungen		Netzleitungen					Jahres-Verbrauch Kilowattstunden	Electromotoren			Gesammt-Jahres-Verbrauch Kilowattstunden	Maximal-Verbrauch	Zahl der Abnehmer	Durchschnitts-Brenndauer in Stunden
Anzahl	Leistung Kilowatt	Anzahl	Leistung Kilowatt	km	Kupfer t	km	Kupfer t	km	Kupfer t		Bogenlampen	Glühlampen		Anzahl	P. S.	Jahres-Verbrauch Kilowattstunden		Kwtt		
										Strassenbeleuchtung . .	—	—	—							
										Theater	—	—	—							
										Bahnhof	—	—	—							
—	—	—	—	—	—	—	—	—	—	staatl. u. städt. Gebäude .	—	66	—	?	20	—	?	5,7	—	—
										Privatbeleuchtung . . .	—	1800	—							
										Zusammen . .	—	1866	—							
3	—	—	—	—	—	5½	—	—	—	staatl. u. städt. Gebäude .	—	60	—	3	9	—	—	—	25	—
										Strassenbeleuchtung . .	2	1	—							
										Theater	6	366	—							
										Bahnhof	—	—	—							
—	—	—	—	—	—	—	—	11,3	—	staatl. u. städt. Gebäude .	1	887	—	27	42	—	—	—	279	—
										Privatbeleuchtung . . .	388	7023	—							
										Zusammen . .	397	8247	—							
—	—	—	—	—	—	—	—	1¾	2,9	Strassenbeleuchtung . .	18	200	—	3	—	—	—	—	—	—
										Strassenbeleuchtung . .	8	46	—							
										Theater	—	—	—							
—	—	—	—	—	—	—	—	—	—	Bahnhof	—	—	—	—	—	—	—	—	—	1200
										städt. Gebäude	—	300	—							
										Zusammen . .	8	346	—							
										Strassenbeleuchtung . .	—	170	—							
										Theater	—	—	—							
—	—	—	—	—	—	—	—	—	—	Bahnhof	—	—	—	?	26	—	—	—	—	—
										staatl. u. städt. Gebäude .	—	—	—							
										Privatbeleuchtung . . .	—	1800	—							
										Zusammen . .	—	1970	—							
										Theater	8	1300	—							
—	—	—	—	—	—	—	—	—	—	Privatbeleuchtung . . .	6	280	—	—	—	—	—	—	16	—
										Zusammen . .	14	1580	—							
—	—	—	—	—	—	ca. 15 km.				Privatbeleuchtung . . .	128	2400	—	8	30	—	—	60	110	—

III. Elektrische Beleuchtung*)

in deutschen Städten 1885—1894.

(Vergleich zwischen der Statistik Schilling-Diehl 1885 und **Bunte-Rasch 1894**).

*) Die Zahlen beziehen sich nur auf Einzelanlagen und Blockstationen.

Ort.	Betriebe Sch.-D. 1885	Betriebe B.-R. **1894**	Bogenlampen Sch.-D. 1885	Bogenlampen B.-R. **1894**	Glühlampen Sch.-D 1885	Glühlampen B.-R. **1894**	Bemerkungen.
Annaberg	1	**7**	—	**6**	30	**1110**	
Aschersleben	3	**8**	4	**72**	392	**1730**	
Baden	—	**4**	—	**14**	—	**974**	
Barmen	14	**60**	81	**600**	659	**8000**	
Berlin	72	**300**	98	**4450**	2150	**81502**	
Biebrich	1	**5**	10	**12**	—	**600**	
Braunschweig	6	**36**	58	**465**	240	**10096**	
Bremerhaven	1	**7**	6	**51**	—	**702**	
Bromberg	3	**6**	—	**39**	81	**557**	
Calbe	1	**4**	—	**8**	115	**989**	
Coethen	—	**4**	—	**28**	—	**696**	1885 wieder eingegangen.
Crefeld	?	**228**	69	**722**	1203	**12149**	
Cüstrin	?	**3**	3	**36**	85	**213**	
Danzig	4	**11**	—	**128**	103	**1351**	
Dresden	14	**116**	66	**922**	546	**19827**	
Duisburg	5	**40**	20	**471**	153	**5047**	
Elberfeld	7	**4**	3	**87**	126	**878**	
Flensburg	1	**3**	7	**50**	—	**520**	
Forbach	1	**3**	15	**25**	—	**13**	
Frankenthal	1	**3**	2	**90**	—	**966**	
Fulda	1	**7**	14	**35**	8	**635**	
Gaarden	1	**1**	6	**4**	—	—	zurückgegangen gegen 1885.
Gera	?	**25**	68	**281**	292	**10149**	
M.-Gladbach	?	**54**	15	**275**	230	**13974**	
Glatz	1	**2**	—	**1**	1	**83**	
Greiz	2	**22**	12	**142**	340	**7525**	
Güstrow	1	—	—	—	240	—	zurückgegangen gegen 1885.
Hagen	1	**7**	15	**60**	—	**1657**	
Halle	2	**48**	—	**459**	40	**9243**	
Heilbronn	2	**6**	2	**25**	293	**1000**	
Hildesheim	—	**7**	—	**28**	—	**1220**	
Hörde	1	**5**	26	**166**	—	**550**	
Hof	1	**12**	—	**101**	38	**1661**	

Ort.	Betriebe Sch.-D. 1885	Betriebe B.-R. 1894	Bogenlampen Sch.-D. 1885	Bogenlampen B.-R. 1894	Glühlampen Sch.-D. 1885	Glühlampen B.-R. 1894	Bemerkungen.
Jngolstadt	1	**2**	2	—	—	**418**	
Jtzehoe	1	**6**	5	**64**	25	**299**	
Kaiserslautern	2	**9**	93	**100**	150	**1730**	
Karlsruhe	5	**20**	92	**226**	190	**8001**	
Kattowitz	1	**10**	1	**54**	70	**1477**	
Kissingen	1	**2**	24	**29**	—	**120**	
Königshütte	3	**9**	13	**106**	42	**674**	
Konstanz	*)	**3**	—	**2**	—	**320**	*) 1885 vers. und wieder aufgeg.
Landsberg a. W.	1	*)	5	—	—	—	*) abgenommen gegen 1885.
Landshut (Bayern)	4	**12**	8	**10**	180	**838**	
Langensalza	1	**3**	8	**52**	—	**180**	
Lengenfeld	1	**4**	2	**4**	—	**350**	
Lipine	2	**4**	20	**70**	47	**360**	
Löbau	1	**7**	—	**11**	75	**490**	
Mainz	1	**20**	24	**182**	—	**1990**	
Mannheim	3	**48**	11	**594**	802	**8012**	
Marburg	1	**6**	—	**11**	43	**776**	
Meissen	1	**8**	31	**62**	—	**802**	
Mühlheim (Ruhr)	1	**8**	—	**98**	40	**1680**	
Mülheim (Rhein)	1	**12**	—	**127**	700	**3200**	
München	30	**188**	133	**1368**	3770	**52989**	
Münster (Westfalen)	1	**12**	—	**99**	60	**1745**	
Neumünster	1	**23**	—	**35**	31	**2385**	
Neunkirchen	1	**3**	8	**77**	—	**157**	
Neuss	1	**15**	4	**63**	—	**985**	
Neustadt a. H.	1	**10**	—	**75**	60	**707**	
Passau	1	**2**	3	**10**	—	**102**	
Pforzheim	*)	**15**	—	**10**	—	**415**	*) in 2 Fällen von kurzer Dauer in Betrieb gewesen.
Pirna	1	**5**	1	**14**	35	**360**	
Pössneck	1	**8**	—	**52**	120	**2700**	
Ratibor	5	**8**	22	**51**	401	**947**	
Ravensburg	1	**3**	5	**22**	—	**530**	

Ort.	Betriebe		Bogenlampen		Glühlampen		Bemerkungen.
	Sch.-D. 1885	B.-R. **1894**	Sch.-D. 1885	B.-R. **1894**	Sch.-D. 1885	B.-R. **1894**	
Regensburg	1*)	**17**	—	**196**	—	**3726**	*) 1885 wegen hoher Kosten wieder eingegangen.
Rendsburg	1*)	—	16	—	—	—	*) abgenommen.
Rostock	4	**12**	21	**123**	50	**2511**	
Rudolstadt	1	**3**	2	**16**	22	**418**	
Ruhrort	1	**12**	15	**271**	—	**2351**	
Saargemünd	—	**4**	—	**50**	—	**295**	
Sigmaringen	1	**3**	—	**40**	14	**3000**	
Speyer	1	**7**	4	**50**	—	**7590**	
Thorn	1	**2**	—	**10**	25	**200**	
Unna	1	**3**	5	**7**	—	**250**	
Werdau	2	**12**	10	**330**	12	**2570**	
Wiesbaden	2	**26**	14	**203**	32	**3801**	
Wildbad	1	**1**	—	—	60	**60**	gleich geblieben.
Wurzen	1	**7**	15	**43**	—	**829**	
Zweibrücken	3	**7**	4	**30**	100	**500**	
Zwickau	5	**14**	27	**92**	93	**1024**	
Summe . .	286	**1663**	1248	**14992**	14614	**320478**	37 bezw. **500** Gasmotoren.
pro Anlage . .	1	**1**	4,4	**9,0**	51,4	**193**	

Druck von Friedrich Gutsch in Karlsruhe.

www.ingramcontent.com/pod-product-compliance
Lightning Source LLC
LaVergne TN
LVHW081351011026
849161LV00013BB/3052